ECOLOGICAL ENVIRONMENT

生态环境产教融合系列教材

环境仪器分析实验

主　编　王　捷　余友清

副主编　白淑琴　孙启耀

编　委　解晓华　姚耕洋　万邦江

　　　　卢邦俊

中国科学技术大学出版社

内 容 简 介

　　"环境仪器分析实验"是环境类专业"分析化学""环境仪器分析"课程的重要实践环节,也是一门重要的专业基础课程。本书主要介绍了环境仪器分析实验的基础知识、常用分析仪器的操作与维护以及22个实验项目。全书共计5章,包括环境仪器分析实验概述、常用分析仪器操作规程与管理维护、光谱分析法实验、色谱分析法实验和电化学分析法实验。所选实验项目贴近工程实际,具有代表性和可操作性,能有效提高学生的动手能力和对接行业的工程应用能力。

　　本书可作为普通高校环境类专业教材,也可作为化学、化学工程与工艺、制药工程、食品、材料、生物等专业的辅助教材,还可供相关专业研究生、实验技术人员和科研人员参考。

图书在版编目(CIP)数据

环境仪器分析实验/王捷,余友清主编.—合肥:中国科学技术大学出版社,2024.1
ISBN 978-7-312-05846-2

Ⅰ.环…　Ⅱ.①王…②余…　Ⅲ.环境监测—仪器分析—实验—高等学校—教材
Ⅳ.X830.2-33

中国国家版本馆CIP数据核字(2023)第228987号

环境仪器分析实验
HUANJING YIQI FENXI SHIYAN

出版	中国科学技术大学出版社
	安徽省合肥市金寨路96号,230026
	http://press.ustc.edu.cn
	https://zgkxjsdxcbs.tmall.com
印刷	安徽省瑞隆印务有限公司
发行	中国科学技术大学出版社
开本	787 mm×1092 mm　1/16
印张	7.25
字数	165千
版次	2024年1月第1版
印次	2024年1月第1次印刷
定价	28.00元

前　言

人类社会的发展历程与自然环境的变迁紧密相连,从原始的狩猎采集,到农业革命,再到工业革命,每一次重大的社会进步都伴随着对自然环境的深刻影响。如今,我们身处一个科技进步、经济腾飞的时代,与此同时,解决生态环境问题也成为全球共同面临的挑战,加强环境保护和可持续发展已成为社会的共识。在这样的背景下,生态环境产教融合系列教材应运而生,这套教材不仅是对环境保护领域知识的一次全面梳理,更是对产教融合教育模式的一种实践与探索,让知识更好地服务于环保产业的创新与发展。

"环境仪器分析实验"是环境类专业课程体系中一门重要的基础课程,掌握环境仪器分析实验技能对于环境污染物的监测、预防和治理是非常必要的。本书主要介绍了环境仪器分析实验的基础知识、常用分析仪器的操作与维护以及22个实验项目。全书共计5章,包括环境仪器分析实验概述、常用分析仪器操作规程与管理维护、光谱分析法实验、色谱分析法实验和电化学分析法实验。本书在环境相关专业的人才培养中处于十分重要的地位,对培养学生环境仪器操作能力、数据分析能力、环境科学知识的应用能力和创新能力有着非常重要的作用。

长江师范学院绿色智慧环境学院王捷博士编写了第1章、第3.6节、第3.9节、第4.1节、第4.2节、第4.4节、第4.6节以及第5章;余友清副教授编写了第2章、第3.12节和第4.3节;白淑琴教授编写了第3.4节、第3.5节、第3.11节;孙启耀博士编写了第3.7节、第3.8节、第3.10节和第4.5节;解晓华副教授编写了第3.1节至第3.3节;万邦江高级实验师编写了附录。校外环保行业专家卢邦俊高级工程师和姚耕洋高级工程师参与了所有实验项目的设计、论证与修订等工作。全书由王捷、余友清、白淑琴、孙启耀修改定稿。

在本书的编写过程中参考了大量专业书籍和相关国家标准,在此一并向相关作者表示感谢!

由于编者水平有限,书中错误在所难免,敬请各位读者批评指正。

编　者

2023年10月

目　　录

前言 ………………………………………………………………………………（ⅰ）

第1章　环境仪器分析实验概述 ………………………………………………（001）

1.1　环境仪器分析实验的作用 …………………………………………………（001）

1.2　环境仪器分析实验的目的 …………………………………………………（001）

1.3　环境仪器分析实验的要求 …………………………………………………（002）

1.4　环境仪器分析实验的主要技术指标 ………………………………………（009）

1.5　环境样品的预处理方法 ……………………………………………………（012）

1.6　实验数据记录与分析 ………………………………………………………（015）

1.7　实验报告格式与要求 ………………………………………………………（021）

第2章　常用分析仪器操作规程与管理维护 …………………………………（022）

2.1　ICP-3000电感耦合等离子体发射光谱仪 …………………………………（022）

2.2　GGX-920石墨炉原子吸收分光光度计 ……………………………………（025）

2.3　GGX-910火焰原子吸收分光光度计 ………………………………………（028）

2.4　UV-2600/3600紫外-可见分光光度计 ……………………………………（030）

2.5　DM-600型红外分光测油仪 …………………………………………………（033）

2.6　HGF-N$_3$原子荧光光度计 …………………………………………………（035）

2.7　GC-2014C气相色谱仪 ………………………………………………………（038）

2.8　Essentia LC-16高效液相色谱仪 …………………………………………（041）

2.9　YC7060型离子色谱仪 ………………………………………………………（043）

2.10　GCMS-QP2010SE气相色谱-质谱联用仪 ………………………………（045）

2.11　CHI 660C电化学工作站 ……………………………………………………（047）

2.12　总有机碳分析仪 ……………………………………………………………（048）

第3章　光谱分析法实验 ………………………………………………………（051）

3.1　工业废气颗粒物中铅、镉离子的测定——电感耦合等离子体发射光谱法 ……（051）

3.2　电感耦合等离子体发射光谱法测定工业废水中铬、锰、铁、镍、铜 ………（056）

3.3　火焰原子吸收分光光度法测定废水中的铜离子 …………………………（058）

3.4　火焰原子吸收分光光度法测定自来水中的钙、镁含量 …………………（060）

3.5　火焰原子吸收分光光度法测定土壤中锌的含量 …………………………（063）

3.6 石墨炉原子吸收分光光度法测定水中钴的含量 ·················· (065)

3.7 紫外-可见分光光度法测定苯酚的标准曲线 ·················· (067)

3.8 紫外-可见分光光度法测定工业废水中的铬 ·················· (069)

3.9 微波消解-原子荧光法测定土壤中汞、砷、硒、铋、锑 ·················· (072)

3.10 红外光度法测定工业废水中的油类 ·················· (076)

3.11 冷原子吸收法测定土壤中的汞 ·················· (078)

3.12 土壤总有机碳的测定——燃烧氧化-非分散红外吸收法 ·················· (080)

第4章 色谱分析法实验 ·················· (084)

4.1 气相色谱法分析大气中的苯系物 ·················· (084)

4.2 气相色谱法测定农田土壤中六六六农药 ·················· (086)

4.3 高效液相色谱法测定环境空气中的苯并[a]芘 ·················· (088)

4.4 高效液相色谱法测定奶粉中的三聚氰胺 ·················· (092)

4.5 离子色谱法测定地表水中的阴离子含量 ·················· (094)

4.6 气相色谱-质谱法分析焦化废水中的有机物 ·················· (096)

第5章 电化学分析法实验 ·················· (099)

5.1 离子选择电极法测定水中的氟离子 ·················· (099)

5.2 电导分析法测定水质纯度 ·················· (101)

5.3 工业废水pH的测定 ·················· (103)

5.4 阳极溶出伏安法测定水样中的铅和镉 ·················· (104)

附录 ·················· (107)

参考文献 ·················· (108)

第1章 环境仪器分析实验概述

1.1 环境仪器分析实验的作用

环境仪器分析实验在环境科学领域发挥着重要的作用。它利用各种分析仪器,包括光谱分析仪器、电化学分析仪器、放射性分析仪器、热学分析仪器、色谱分析仪器等,对环境中的各种物质进行定性和定量分析。

通过环境仪器分析实验,我们能够了解环境中污染物的种类、浓度、分布情况以及污染趋势等,这为环境保护和治理提供了重要的科学依据。例如,光谱分析仪器如紫外-可见分光光度计、荧光光度计、原子吸收分光光度计、等离子体发射光谱仪、X射线荧光光谱仪和红外光谱仪等可以用来检测环境中的特定化学物质;电化学分析仪器如pH计、电导仪、库仑计、电位滴定仪、离子活度计和各种极谱仪可以用来测定环境中物质的电化学性质;色谱分析仪器如离子色谱仪、气相色谱-质谱联用仪和液相色谱-质谱联用仪等能够用来分析环境中的各类化合物。

此外,环境仪器分析实验也能够用来评估环境污染对环境和生态系统的影响,为制定环境保护政策和措施提供依据。例如,通过研究污染物的来源、传播途径和在环境中的变化,我们可以了解其对生态系统的影响,并制定相应的防治措施。

总之,环境仪器分析实验是研究环境问题、制定解决方案的重要手段,是推动环境保护事业发展的重要工具。

1.2 环境仪器分析实验的目的

环境仪器分析实验的目的在于通过科学的方法和技术手段,研究和分析环境中的化学物质及其变化,为环境保护和治理提供重要的科学依据。具体如下:

(1) 识别和测量环境中的特定化学物质:使用各种分析仪器可以识别和测量环境中特定化学物质的种类和浓度。

(2) 研究污染物的来源和传播途径:环境仪器分析实验还可以用来研究污染物的来源、传播途径及其在环境中的变化,有助于了解污染物对环境和生态系统的影响。

（3）评估环境污染对环境和生态系统的影响：通过环境仪器分析实验，我们可以评估环境污染对环境和生态系统的影响，例如对土壤、水体和空气的影响。

（4）制定环境保护政策和措施：环境仪器分析实验的结果可以为制定环境保护政策和措施提供依据，例如制定污染物排放标准、环境质量标准等。

（5）监测环境质量的变化：通过持续进行环境仪器分析实验，我们可以监测环境中化学物质的变化和趋势，以便及时采取必要的措施来保护环境和生态系统。

1.3　环境仪器分析实验的要求

1.3.1　课程基本要求

1. 课前预习

环境仪器分析实验的部分仪器较为昂贵，数量较少，因此要求学生课前预习，并撰写实验预习报告。在实验前由指导教师检查预习情况。

具体预习内容如下：

（1）仔细阅读实验教材：了解实验所涉及的分析方法和仪器的原理、仪器主要部件的功能、操作程序和注意事项。

（2）确定实验方案：根据实验目的和教材内容，确定实验方案，包括实验步骤、实验仪器和试剂、实验时间等。

（3）准备实验仪器和试剂：根据实验方案，准备所需的实验仪器和试剂，并确保其质量和有效性。

（4）熟悉实验操作流程：在实验前，熟悉实验操作流程，包括仪器的使用方法、实验操作步骤、数据处理方法等，避免在实验过程中出现错误。

（5）了解实验风险和安全注意事项：在实验前，了解实验过程中可能存在的风险和安全注意事项，并采取必要的防护措施。

（6）设计并绘制记录数据的表格：便于实验操作时记录数据。

（7）认真撰写预习报告：尽量体现自己对实验的思考、总结和归纳。

2. 课中操作

（1）在实验前，应熟悉仪器的操作规范，并掌握仪器的正确使用方法。

（2）在相关仪器使用前，应填写大型仪器使用记录，登记后方可进行相关实验。

（3）应按照仪器操作规程进行仪器分析实验相关操作，未经同意，不得随意开启或关闭实验仪器。

（4）不得随意更改仪器参数、调节仪器按钮。

（5）爱护实验设备，实验中发现仪器工作不正常，应及时报告，由指导教师处理。

（6）应始终保持实验仪器和实验室的整洁。

（7）实验结束后,应将实验仪器复原,清洗好使用过的器皿,整理好实验器材,经指导教师检查确认后方可离开实验室。

3. 课后总结

（1）完成实验报告:学生要按照老师的要求,撰写实验报告,对实验现象和数据进行总结和分析,并得出结论。

（2）复习相关理论知识:学生要复习与实验相关的理论知识,包括环境污染物分析的基本原理和各种仪器分析方法的原理等。

（3）查阅相关文献资料:学生要查阅相关的文献资料,了解实验领域的前沿技术和研究动态,以便拓展自己的知识面和加深对实验的理解。

（4）进行实验反思和总结:学生要对实验过程进行反思和总结,思考实验中遇到的问题和不足之处,并提出改进措施。

1.3.2 实验室安全知识

1. 用电安全

要格外注意环境仪器分析实验用电安全,因为实验室中经常有高压电器设备,如火花放电光电直读光谱仪等,其工作电压可能达到数千伏。可以采取以下措施确保用电安全:

（1）实验室内所有电器设备都应符合国家行业标准的规定,并按照电工作业要求执行。

（2）实验室内的电线应使用铜线,禁止使用铝线,而且电线应该分路设计和分别控制,避免电路电线敷设混乱导致安全隐患。

（3）高压电源电路中常有大电容,使用前要按规定使输出端短路放电,避免高压电持续过长的时间,带来触电危险。

（4）实验人员要认真阅读仪器使用说明书及操作规程,按照指定顺序接通电源,并在确认每台仪器功能都正常的情况下进行实验操作。

（5）如仪器功能不正常,应立即关闭电源并请专业维修人员进行修理,避免发生火灾或触电事故。

（6）实验室内的裸露电线头应包扎好,以免触电或引发火灾。及时修复或更换破损的电线和电器设备,不使用破损的电线和电器设备。

（7）遵守用电设备的操作规程,使用前应检查电源线是否完好。

（8）禁止将高温电器放置在易燃物品附近,防止引发火灾。

（9）按照规定正确使用电源插座,不要将电源线拉得过紧或过长,以免引起电源线断裂或短路。

（10）不得湿手接触电器设备,实验过程中如需用水,应先关闭电源再取水。

（11）如果发现有人触电,应先切断电源,再进行急救。

（12）在进行电器设备维修时,应先切断电源,再进行操作。

2. 用水安全

环境仪器分析实验中,要确保用水水质符合标准,避免二次污染和排放不当等风险,确保实验结果准确可靠。同时,实验室人员也要遵守相关规定和操作规程,注意用水安全,防止造成健康危害和环境污染。

(1)实验室用水要符合国家标准或行业标准的规定,确保用水安全。

(2)实验室用水要经过处理,去除水中的污染物和杂质,以免影响实验结果。

(3)对于特殊的实验,如生物实验,用水要符合国家相关标准,并按照规定进行处理。

(4)在使用前要对实验室用水进行检测,确保水质符合实验要求。

(5)不能将实验室用水长时间储存在容器中,应尽量随煮随用,避免二次污染。

(6)在使用过程中应避免实验室用水与有毒物质接触,以免对实验人员造成危害。

(7)在使用后应按照规定对实验室用水进行处理和排放,避免对环境造成污染。

3. 防火安全

(1)使用的保险丝要与实验室允许的用电量相符。

(2)电线的安全通电量应大于用电功率。

(3)要特别注意氢气、乙炔、煤气等可燃性气体的正确使用,严防泄漏。在使用燃气加热过程中,气源要与其他物品保持适当距离,人不得长时间离开,防止熄火漏气。用后要关闭燃气管道上的小阀门,离开实验室前还要再查看一遍,以确保安全。

(4)实验过程中若着火,应尽快切断电源和气源,用石棉布或湿抹布盖住火焰。如果遇到电线起火,用沙或二氧化碳、四氯化碳灭火器灭火,禁止用水或泡沫灭火器等灭火。电器着火时,不可用水冲,以防触电,应使用干冰或干粉灭火器。着火范围较大时,应立即用灭火器灭火,并根据火情决定是否报告消防部门。

4. 防爆安全

环境仪器分析实验防爆安全要从多个方面入手,如保持通风良好、定期检查设备的安全可靠性、规范实验操作规程、使用危险源时更加谨慎小心以及配备灭火器材并熟悉其使用方法等,避免发生爆炸等危险事故。

(1)实验室应保持通风良好,避免室内存在高浓度的可燃气体等。

(2)对于高压容器、管道、气体钢瓶等设备,应定期进行安全检查,确保其安全可靠。

(3)在实验过程中,应严格按照规程进行操作。

(4)对于某些需要使用火源等危险源的实验,应按照相关规定进行操作,确保实验过程的安全性和可靠性。

(5)在实验室内部和重要设备旁边应该配备灭火器材,并定期进行维护和检查,确保其使用状态良好。同时,实验室人员应该熟悉灭火器材的使用方法和适用范围,以便在火灾发生时能够及时采取有效措施进行灭火。

(6)在可能存在爆炸性物质或高温高压等危险因素的地方,应设置相应的安全设施和警示标志,提醒人们注意安全。

（7）在实验过程中，如果发现可疑物品或异常情况，应立即停止实验，并及时采取有效措施进行处置，避免发生爆炸等危险事故。

1.3.3　环境仪器分析实验试剂、耗材要求

1.3.3.1　用水

分析实验室用水的原水应为饮用水或适当纯度的水。分析实验室用水共分三个级别：一级水、二级水和三级水。

1. 一级水

一级水用于有严格要求的分析实验，包括对颗粒物粒径有要求的实验。例如，若离子色谱分析用水水质达不到一级水标准，水中氟离子和氯离子会净化不到位，特别是氟离子，则在离子色谱分析谱图中会出现相应的干扰峰。一级水可用二级水经过石英设备蒸馏或离子交换混合床处理后，再经 $0.2\ \mu m$ 微孔滤膜过滤来制取。

2. 二级水

二级水用于无机痕量分析等实验，如原子吸收光谱分析用水。二级水可用多次蒸馏或离子交换等方法制取。

3. 三级水

三级水用于一般化学分析实验。三级水可用蒸馏或离子交换等方法制取。

分析实验室用水规格见表1.1。

表1.1　分析实验室用水规格

名　　　称	一级	二级	三级
pH范围(25 ℃)	—	—	5.0~7.5
电导率(25 ℃)/(mS/m)	≤0.01	≤0.10	≤0.50
可氧化物质含量(以O计)/(mg/L)	—	≤0.08	≤0.4
吸光度(254 nm, 1 cm光程)	≤0.001	≤0.01	—
蒸发残渣含量(105 ℃±2 ℃)/(mg/L)	—	≤1.0	≤2.0
可溶性硅含量(以 SiO_2 计)/(mg/L)	≤0.01	≤0.02	—

为了保持实验室使用的蒸馏水纯净，蒸馏水瓶要随时加塞，专用虹吸管内外均应保持干净。蒸馏水瓶附近不要存放浓 HCl、$NH_3 \cdot H_2O$ 等易挥发试剂，以防污染。通常用洗瓶取蒸馏水，取水时，不要取出塞子和玻璃管，也不要把蒸馏水瓶上的虹吸管插入洗瓶内。通常，普通蒸馏水保存在玻璃容器中，去离子水保存在聚乙烯塑料容器中。用于痕量分析的高纯水，则要保存在石英或聚乙烯塑料容器中。

4. 分析实验室用水纯度的检查

（1）酸度：要求水的pH为6~7。检查方法是在2支试管中各加10 mL待测的水，一管中加2滴0.1%甲基红指示剂，不显红色，另一管中加5滴0.1%溴百里酚蓝指示剂，不显蓝

色,即为合格。

(2) 硫酸根:取2~3 mL待测水,放入试管中,加2~3滴2 mol/L盐酸酸化,再加1滴0.1%氯化钡溶液,放置1.5 h,不应有沉淀析出。

(3) 氯离子:取2~3 mL待测水,加1滴6 mol/L硝酸酸化,再加1滴0.1%硝酸银溶液,不应浑浊。

(4) 钙离子:取2~3 mL待测水,加数滴6 mol/L氨水使其呈碱性,再加2滴饱和草酸铵溶液,放置12 h后,无沉淀析出。

(5) 镁离子:取2~3 mL待测水,加1滴0.1%镁试剂(对硝基苯偶氮间苯二酚)及数滴6 mol/L氢氧化钠溶液,如有淡红色出现,即有镁离子,如呈橙色则合格。

(6) 铵离子:取2~3 mL待测水,加1~2滴奈氏试剂,如呈黄色则有铵离子。

(7) 游离二氧化碳:取1000 mL待测水,注入锥形瓶中,加3~4滴0.1%酚酞溶液,如呈淡红色,则表示无游离二氧化碳;如无色,则加0.1 mol/L氢氧化钠溶液至淡红色,1 min内不消失,即为终点,可以算出游离二氧化碳的量。

5. 分析实验室用水的制备

分析实验室用水的制备方法有多种,常见的包括以下几种:

蒸馏法:加热,使水转变为蒸汽,然后将蒸汽冷凝成液体,以去除水中的杂质和溶解物质。这种方法可以得到相对纯净的水,但是消耗能量较多。

离子交换法:利用离子交换树脂,将水中的离子与树脂上的离子进行交换,从而达到去除水中的杂质和溶解物质的目的。这种方法常用于去除水中的钙、镁等离子。

反渗透法:利用反渗透膜,通过施加压力使水分子通过膜而去除溶解物质、微生物和悬浮物等。这种方法能够得到较高纯度的水,广泛应用于水处理和饮用水净化领域。

活性炭吸附法:利用活性炭材料对水中的有机物、异味和余氯等进行吸附,从而净化水质。这种方法常用于改善水的口感和去除异味。

1.3.3.2 化学试剂

化学试剂数量繁多,种类复杂。目前化学试剂的等级划分及其有关的名词术语在国内外尚未统一。我国通常根据用途将化学试剂分为一般试剂、基准试剂、高纯试剂、色谱试剂、生化试剂、生物染色剂、光学纯试剂、标记化合物、指示剂、闪烁纯试剂等。而常用于分析化学的试剂主要有一般试剂、基准试剂、高纯试剂等。

一般试剂通常分为优级纯、分析纯、化学纯和实验试剂(表1.2)。

基准试剂分为微量分析试剂、有机分析标准试剂、pH基准试剂等。

高纯试剂不是指试剂的主体含量,而是指试剂中某些杂质的含量。高纯试剂要严格控制其杂质含量。高纯试剂等级的表达方式有多种,其中之一是以带"9"的百分数表示,如用99.99%、99.999%表示,"9"的数目越多表示纯度越高。

表1.2　化学试剂等级对照表

级别	名称	符号	瓶签颜色	用途
一级	优级纯	GR	绿	科学研究、痕量分析
二级	分析纯	AR	红	一般定性定量分析
三级	化学纯	CP	蓝	一般化学制备、教育教学
四级	实验试剂	LR	棕或其他	一般化学实验辅助

1.3.3.3 气体钢瓶

1. 气体钢瓶分类

气体钢瓶(简称气瓶),是一种在加压下储存或运送气体的容器,材质通常为铸钢、低合金钢等。气体钢瓶内装的气体主要分为压缩气体、液化气体和溶解气体三类。

(1)压缩气体:压缩气体是指临界温度低于等于-50 ℃的气体,其经高压压缩,仍处于气态,如氧气、氮气、氢气、空气、氩气等。这类气体钢瓶若设计压力大于或等于12 MPa则称高压气瓶。

(2)液化气体:液化气体是指临界温度高于-50 ℃的气体,其经高压压缩,转为液态并与其蒸气处于平衡状态。临界温度在$-50\sim65$ ℃的气体称为高压液化气体,如二氧化碳、氧化亚氮。临界温度高于65 ℃的气体称为低压液化气体,如氨气、氯气、硫化氢等。

(3)溶解气体:溶解气体是指单纯加高压压缩,可产生分解、爆炸等危险的气体,所以在加高压的同时,要将其溶解于适当溶剂,并由多孔性固体物充盛。

根据性质不同,气体可分为:剧毒气体,如氟气、氯气等;易燃气体,如氢气、一氧化碳等;助燃气体,如氧气、氧化亚氮等;不燃气体,如氮气、二氧化碳等。

常用气体钢瓶标注见表1.3。

表1.3　常用气体钢瓶标注

序号	气体	化学式	瓶色	字色	字样
1	氧气	O_2	淡蓝	黑	氧
2	氢气	H_2	淡绿	红	氢
3	氮气	N_2	黑	淡黄	氮
4	空气	—	黑	白	空气
5	乙炔	C_2H_2	白	红	乙炔 不可近火
6	二氧化碳	CO_2	铝白	黑	液化二氧化碳
7	氨气	NH_3	淡黄	黑	液化氨
8	氯气	Cl_2	深绿	白	液化氯
9	氟气	F_2	白	黑	氟
10	甲烷	CH_4	棕	白	甲烷
11	天然气	—	棕	白	天然气

2. 气体钢瓶存放要求

(1)存放气体钢瓶的室内要干燥、无腐蚀性气体和易燃易爆物品、通风良好。

(2)气体钢瓶应靠墙直立放置,并采取防止倾倒措施,避免暴晒,远离热源和腐蚀性材料及潜在的冲击。

（3）气体钢瓶与明火距离不得小于 10 m，避免易燃气体与助燃气体混合放置，易燃气体及有毒气体要放在室外、规范、安全的铁柜中。

（4）气体钢瓶应按规定涂色，标志一定要明显，避免混淆。例如，氧气瓶为淡蓝色，氢气瓶为淡绿色，氮气瓶为黑色，石油气瓶为灰色，氯气瓶为深绿色，二氧化碳气瓶为铝白色，乙炔气瓶为白色。

（5）存放气体钢瓶的仓库应有相应的消防设施和安全措施，并定期检查其安全状况。

3. 气体钢瓶搬运要求

（1）在搬动、存放气瓶时，应装上防震垫圈，旋紧安全帽，保护开关阀，防止其意外转动，减少碰撞。

（2）搬运装有气体的气瓶时，最好用特制的担架或小推车，也可以用手平抬或垂直转动。但绝不允许用手执着开关阀移动。

（3）装有气体的气瓶运输时，应妥善固定，避免途中滚动碰撞；装卸车时应轻抬轻放，禁止采用抛丢、下滑或其他易引起碰击的方法。

（4）装有互相接触后可引起燃烧、爆炸气体的气瓶（如氢气瓶和氧气瓶），不能同车搬运或同时存放在一处，也不能与其他易燃易爆物品混合存放。

（5）气瓶瓶体有缺陷、安全附件不全或已损坏，不能保证安全使用的，切不可再送去充装气体，应送交有关单位检查合格后方可使用。

4. 气体钢瓶使用要求

（1）要将气瓶与压力调节器连接，经降压后，再使用气体，不要直接连接气瓶阀门使用气体。各种气体的压力调节器及配管不要混乱使用，使用氧气时尤其要注意此问题，否则可能发生爆炸。配件和气瓶最好均漆上同一颜色的标志。

（2）安装压力调节器、配管等时，型号要绝对合适。如不合适，绝不能用力强求吻合，接合口不要放润滑油，不要焊接。安装后，接口不漏气方可使用。

（3）保持阀门清洁，防止沙砾或污水等侵入阀门套管，引起漏气。清理时，由有经验的人慢慢打开阀门，排出少量气体冲走污物，操作人员应稍远离气瓶阀门。

（4）打开阀门时，应徐徐进行；关闭阀门时，能将气体截止流出即可停止，不要过度用力。

（5）易燃气体气瓶，接压力调节器后，应装单向阀门，防止回火。

（6）气瓶不要和电器、电线接触，以免发生电弧，使瓶内气体受热发生危险。如果使用乙炔焊接或切割金属，要使气瓶远离火源及熔渣。

（7）要确保空气排尽，不发生回火才可以点火。为此，可用试管收集气体再进行实验，如为氢气，收集气体不爆炸后，方可点火。

（8）对于易燃气体或腐蚀气体，每次实验完毕，都应及时将它们与仪器的连接管拆除，不要过夜连接。

（9）气瓶内的气体不能用尽，即输入气体压力表指压不应为零；否则可能混入空气，再重装气体时会发生危险。

5. 气体钢瓶操作方法

（1）在与气瓶连接之前，查看压力调节器入口和气瓶阀门出口有无异物；如有，用布擦去。但如果是氧气瓶，则不能用布擦。此时，可小心缓慢地稍开气瓶阀门，吹走出口的脏物。对于脏的氧气压力调节器，入口用四氯化碳或三氯乙烯洗干净，用氮气吹干，再使用。

（2）用平板钳拧紧气瓶出口和压力调节器入口的连接处，但不要加力于螺纹。有的气瓶要在出入口处垫上密合垫，用聚四氟乙烯垫时，不要过于用力，否则密合垫会被挤入阀门开口，阻挡气体流出。

（3）向逆时针方向松开调节螺旋至无张力，即关上压力调节器。

（4）检查输出气体的针形阀是否关上。

（5）开气时，首先慢慢打开气瓶的阀门，至输入气体压力表显示出气瓶全压力。打开时，一定要全开阀门，压力调节器的输出压力才能维持恒定。

（6）向顺时针方向拧动调节螺旋，将输出压力调至要求的工作压力。

（7）调动针形阀调整流速。

（8）关气时，首先关气瓶阀门。

（9）打开针形阀，将压力调节器内的气体排净。此时两个压力表的读数均应为零。

（10）向逆时针方向松开调节螺旋至无张力，将压力调节器关上。关闭压力调节器输出的针形阀。

除了需注意气瓶的存放、搬运、使用外，还应定期对其进行维护。在安全检查时，如果发现有损坏或缺陷应及时更换或修复。

1.4 环境仪器分析实验的主要技术指标

1.4.1 灵敏度

被测物质单位浓度或单位质量的变化引起响应信号值变化的程度，称为方法的灵敏度（Sensitivity），用 S 表示。根据国际纯粹与应用化学联合会（IUPAC）的规定，灵敏度是指在测定浓度范围中标准曲线的斜率。在分析化学中使用的许多标准曲线都是线性的，一般通过测量一系列标准溶液求得。灵敏度可用下式表示：

$$S = \frac{\mathrm{d}x}{\mathrm{d}c} \quad \text{或} \quad S = \frac{\mathrm{d}x}{\mathrm{d}m} \tag{1.1}$$

式中，$\mathrm{d}c$ 和 $\mathrm{d}m$ 分别为被测物质的浓度和质量的变化量，$\mathrm{d}x$ 为响应信号的变化量。标准曲线的斜率越大，方法的灵敏度就越高。

1.4.2　精密度

精密度(Precision)是指使用同一方法对同一试样进行多次测定所得结果的一致程度。同一分析人员使用同一方法在同一实验室的相同仪器上对同一试样进行测定所获得结果的精密度称为重复性(Repeatability)。不同的分析人员使用同一方法在不同实验室的不同仪器上对某一试样进行测定所获得结果的精密度称为再现性(Reproducibility)。

精密度通常用标准偏差s或相对标准偏差(Relative Standard Deviation,RSD)表示:

$$s = \sqrt{\frac{\sum_{i=1}^{n}(x_i - \bar{x})^2}{n-1}} \tag{1.2}$$

$$RSD = \frac{s}{\bar{x}} \times 100\% \tag{1.3}$$

式中,s为标准偏差,$\bar{x}$为n次测量的平均值。

精密度是随机误差的量度。一种好的方法应有比较小的相对标准偏差,即比较好的精密度。相对标准偏差与浓度有关,浓度低时相对标准偏差大,浓度高时相对标准偏差小。

1.4.3　检出限

某一方法在给定的置信水平上能够检出被测物质的最小浓度或最小质量,称为这种方法对该物质的检出限(Detection Limit)。以浓度表示的称为相对检出限,以质量表示的称为绝对检出限。检出限取决于被测物质产生的信号与空白信号波动或噪声(Noise)统计平均值之比。当被测物质产生的信号大于空白信号随机变化值一定倍数k时,被测物质才可能被检出。因此,最小可鉴别的分析信号$y_{\min}$为

$$y_{\min} = \bar{y}_b + ks_b \tag{1.4}$$

式中,$\bar{y}_b$和s_b分别为空白信号的平均值和标准偏差。

测定分析信号$y_{\min}$的实验方法是在一定时间内对空白进行20~30次测定,统计处理得到$\bar{y}_b$和s_b,然后按检出限的定义可求得最低检测浓度$c_{\min}$或最低检测量$q_{\min}$:

$$c_{\min} = \frac{y_{\min} - \bar{y}_b}{S} = \frac{ks_b}{S} = \frac{3s_b}{S} \tag{1.5}$$

或

$$q_{\min} = \frac{3s_b}{S} \tag{1.6}$$

式中,S表示被测物质的浓度或质量改变一个单位时分析信号的变化量,即方法的灵敏度。k为根据一定的置信水平确定的系数,IUPAC建议k取3,此时,大多数情况下检测置信水平为95%,若k进一步增加,难以获得更高的检测置信水平。因此,检出限表示在95%置信水

平下能得到相当于3倍空白信号波动或噪声的标准偏差所对应的最低物质浓度或最小物质质量。

从式(1.5)和式(1.6)可以看出,检出限与灵敏度是密切相关的两个指标,灵敏度愈高,检出限就愈低。但是,两者的含义不同,灵敏度指分析信号随被测物质含量变化的大小,与仪器信号的放大倍数有关;而检出限与空白信号波动或仪器噪声有关,具有明确的统计学含义。方法的灵敏度越高,精密度越好,检出限就越低。检出限是方法灵敏度和精密度的综合指标,也是评价仪器性能及分析方法的主要技术指标。

1.4.4　准确度

被测物质含量的测定值与其真实值(也称真值)相符合的程度称为准确度(Accuracy)。准确度常用相对误差E_r来表示:

$$E_r = \frac{x - \mu}{\mu} \times 100\% \tag{1.7}$$

式中,x为被测物质含量的测定值,μ为被测物质含量的真值或标准值。

准确度是分析过程中系统误差和随机误差的综合反映,它决定着分析结果的可靠程度。方法具有较好的精密度并且消除了系统误差后,才有较好的准确度。

1.4.5　选择性

选择性(Selectivity)是指某种分析方法测定某组分时能够避免试样中其他共存组分干扰的能力。选择性通常表示为在指定的测量准确度下,共存组分的允许量(浓度或质量)与待测组分的量(浓度或质量)的比值。该比值越大,表明在指定的准确度下,该方法的抗干扰能力越强,即选择性越好。

在实际工作中,分析方法的选择性是指其他物质对被测物质的干扰程度。选择性往往与所使用的方法或反应有关,因此对于不同物质的分析,应选择最合适的方法和反应。所使用的方法或反应的选择性愈高,则干扰因素就愈少,这样就可以减少分析的操作步骤,使分析过程快速、准确和简便。因此,选择性的好坏是衡量分析方法的一个非常重要的指标。方法的选择性并不是一成不变的,它可以通过不同的途径加以改善。常采用的途径如下:① 改进仪器,例如,采用高效液相色谱法可以大大提高色谱分析的选择性;在紫外-可见分光光度法中采用多阶导数处理,不仅可以使灵敏度得到提高,还可以使方法选择性得到改善。② 改进分析对应的条件,合理选择反应的酸度、介质、反应离子的价态及使用隐蔽剂等。

1.5 环境样品的预处理方法

环境污染物存在广泛性、持续性、复杂性等特点,特别是随着社会的发展,新型的、痕量的污染物层出不穷,因此对仪器分析的灵敏度和准确性也提出了更高的要求。环境污染物样品的预处理是为了消除干扰因素,完整保留被测成分,并使被测成分浓缩,使待测组分达到仪器分析的检出限,可以进行定性定量分析,提高分析结果的可靠性。环境样品的预处理有以下原则:

(1) 消除干扰因素:预处理样品时要尽可能消除或减少样品中的干扰物质,以降低其对分析结果的影响。

(2) 完整保留被测组分:预处理过程中要保证被测组分不损失、不分解、不与试剂发生反应,以便在后续分析中得到准确的结果。

(3) 使被测组分浓缩:预处理过程中常常要对样品进行浓缩,以提高分析方法的灵敏度和准确度,从而获得更可靠的分析结果。

环境仪器分析常用的预处理方法有湿式消解法、微波消解法、干灰化法、富集与分离。

1.5.1 湿式消解法

湿式消解法属于消解法的一种。消解处理的目的是破坏有机物,溶解悬浮物,将各种价态的欲测元素氧化成单一高价态或转变成易分离的无机物。消解后的水样应清澈、透明、无沉淀。湿式消解法是将液体或液体与固体的混合物作为氧化剂氧化分解有机物,常用的氧化剂有 HNO_3、H_2SO_4、$HClO_4$、H_2O_2 和 $KMnO_4$ 等。

针对不同的污染样品,湿式消解法选用的消解体系往往不一样,以下列举几种常用消解体系:

(1) 硝酸消解法,主要用于较清洁的水样或经适当湿润的土壤等样品的消解。具体操作步骤如下:取混匀的水样 50~200 mL 并置于锥形瓶中,加入 5~10 mL 浓硝酸,在电热板上加热煮沸,缓慢蒸发至小体积,试液应清澈透明,呈浅色或无色,否则,应补加少许硝酸继续消解。消解至近干时,取下锥形瓶稍冷却后加 20 mL 的 2% HNO_3(或 HCl),温热溶解可溶盐。若有沉淀应过滤,滤液冷却至室温后于 50 mL 容量瓶中定容,待分析测定。

(2) 硝酸-高氯酸消解法,主要用于难氧化有机物的消解,如高浓度有机废水、植物样品和污泥样品等。具体操作步骤如下:

① 取适量水样,加入数粒玻璃珠,然后加入 2 mL 硝酸,在电热板上加热浓缩至约 10 mL。

② 冷却后加 5 mL 硝酸,再加热浓缩至约 10 mL,放冷。

③ 加 3 mL 高氯酸,加热至冒白烟时,调节小漏斗或电热板温度使消解液在锥形瓶内壁

保持回流状态,直至剩下3~4 mL,放冷。

④ 加10 mL水,然后加1滴酚酞指示剂,滴加氢氧化钠溶液至刚呈微红色,再滴加1 mol/L硫酸溶液使微红色正好褪去,充分混匀后,移至50 mL比色管中。

⑤ 若溶液浑浊,可用滤纸过滤,并用水充分洗锥形瓶及滤纸,一并移入比色管中,稀释至标线,供分析用。

需要注意的是,消解要在通风橱中进行。视水样中有机物含量及干扰情况,硝酸和高氯酸用量可适当增减。高氯酸与有机物的混合物,经加热可能产生爆炸,应先用硝酸消解一段时间后再加高氯酸加热消解。

(3)硝酸-硫酸消解法,常用于生物样品中有机化合物的消解。具体操作步骤如下:吸取25 mL水样并置于凯氏烧瓶中,加数粒玻璃珠,加2 mL(1+1)硫酸及2~5 mL硝酸。在电热板或可调电炉上加热至冒白烟,如果液体尚未清澈透明,放冷后,加5 mL硝酸再加热至冒白烟,获得透明液体。放冷后,加1滴酚酞指示剂,滴加氢氧化钠溶液至刚呈微红色,再滴加1 mol/L硫酸溶液使微红色正好褪去,充分混匀后,移至50 mL比色管中。如果溶液浑浊,则用滤纸过滤,并用水洗凯氏烧瓶和滤纸,一并移入比色管中,稀释至标线,供分析用。

需要注意的是,硝酸-硫酸消解法不适用于处理易生成难溶硫酸盐组分的样品,如铅、钡、锶等。生物样品中的卤素在消解过程中可能会有损失。

(4)硝酸-氢氟酸消解法,其消解过程与硝酸-高氯酸消解法消解过程类似,区别在于硝酸-氢氟酸消解法可以与硅酸盐和硅胶态物质发生反应,生成四氟化硅而挥发分离,消除其干扰。需要注意的是,消解时不能用玻璃材质的容器,要用聚四氟乙烯材质的容器。

(5)硫酸-高锰酸钾消解法,适用于处理含汞的水样。具体操作步骤如下:取适量水样,加入适量的硫酸和5%的高锰酸钾溶液,混匀,加热煮沸10 min后冷却。消解液中过量的高锰酸钾用盐酸羟胺溶液除去。

(6)硫酸-磷酸消解法,常用于处理含Fe^{3+}等干扰离子的水样,利用硫酸的强氧化性和磷酸与Fe^{3+}等金属离子的络合能力,可以有效地消解水样并消除干扰离子。具体操作步骤如下:取适量水样,加入硫酸和磷酸,在消解炉上加热消解,直到溶液清澈透明。消解完成后,用氢氧化钠溶液中和至中性,然后进行后续分析。

硫酸-磷酸消解法在处理含高浓度有机物的水样时,需注意安全,因为有机物可能会燃烧。

(7)碱分解法,当用酸体系消解水样会造成易挥发组分损失时,可改用碱分解法,即在水样中加入氢氧化钠和过氧化氢溶液,或氨水和过氧化氢溶液,加热煮沸至近干,用水或稀碱溶液温热溶解。

1.5.2　微波消解法

微波消解法是一种通过微波加热来进行样品预处理的方法,主要利用了微波的分子极化和离子导电两个效应。其操作步骤如下:先将固体样品放在消解罐中,再加入适量的酸和氧化剂等,然后置于微波消解仪(图1.1)中加热。在数分钟内,微波能量就能使固体样品表层快速破裂,产生新的表面与溶剂作用,从而完成样品的分解。

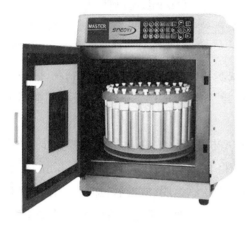 

图1.1 微波消解仪和消解罐

微波消解法具有许多优点,广泛应用于各种化学分析领域。具体有以下优势:

(1)提高反应速率:微波直接向样品释放能量,避免了传统方式(热传导、热对流)中能量的损失,提高了能量的使用效率,因此能够显著提高反应速率。

(2)缩短样品制备时间:微波消解法的加热速度比传统方法快得多,可以在短时间内完成样品的消解,从而缩短了样品制备时间。

(3)控制反应条件,提高制样精度:微波消解法可以通过控制温度、压力等参数,实现样品的密闭消解,从而更好地控制反应条件,提高制样精度。

(4)减少对环境的污染:微波消解法使用的试剂量少且密闭,可以减少对环境的污染。

(5)改善实验人员的工作环境:微波消解法操作简便,实验人员可以远离高温、有毒有害的试剂和气体环境,改善了实验人员的工作环境。

(6)样品消解更加完全:微波消解法可以实现样品的密闭消解,通过提高温度、压力协助反应,使反应物在特定温度下发生快速分解,减少分解所需的时间,提高工作效率。

(7)挥发元素可被保留:一些挥发元素如汞等可以被保留在消化溶液中,防止其挥发造成结果的偏差和对环境的污染。

(8)降低空白值:微波消解法使用的试剂量少且密闭,可以消除由空气传播的微粒或渗出现象导致的样品污染,因此有较低的空白值。

(9)实现自动化控制:先进的微波消解仪能够通过磁控管的自动调节,定量控制微波能量的传递,以此控制分解条件并实现对反应的自动控制。

1.5.3 干灰化法

干灰化法又称干式分解法或高温分解法。与湿式消解法不同,干灰化法主要依靠升高温度或增强氧的氧化能力来分解样品有机质,而湿式消解法则主要依靠氧化剂的氧化能力来分解样品,温度并不是主要因素。其操作过程如下:取适量样品并置于白瓷或石英蒸发皿中,放在水浴上或用红外灯蒸干,移入马弗炉内,于450~550 ℃灼烧至残渣呈灰白色,使有机物完全分解除去。取出蒸发皿,冷却,用适量质量分数为2%的HNO_3(或HCl)溶液溶解样品灰分,过滤,滤液定容后供测定。

干灰化法有以下几个优点:

(1) 基本不添加或添加很少量的试剂,故空白值较低。

(2) 多数样品灼烧后剩下的灰分体积很小,因而能处理较多量的样品,故可增加称样量,在方法灵敏度相同的情况下,可提高检出率。

(3) 有机物分解彻底。

(4) 操作简单,灰化过程中不需要一直看管,实验人员可同时做其他实验的准备工作。

但是,干灰化法也存在一些缺点:

(1) 处理样品所需要的时间较长。

(2) 由于敞口灰化,温度又高,容易造成某些挥发性元素的损失。

(3) 盛装样品的容器对被测组分有一定的吸留作用,高温灼烧使容器材料结构改变,有微小孔穴生成,某些被测组分被吸留于孔穴中很难溶出,致使测定结果偏低。

(4) 不适用于处理易挥发组分(如汞、硒、锡等)的样品。

1.5.4　富集与分离

当环境样品(特别是水样)中的欲测组分含量低于测定方法的测定下限时,就要进行样品的富集或浓缩;当有共存组分干扰时,就要采取分离或掩蔽措施。富集与分离过程往往同时进行,常用的方法有过滤、气提、顶空、蒸馏、萃取、吸附、离子交换、共沉淀、层析等,要根据具体情况进行选择。

1.6　实验数据记录与分析

实验数据记录与分析是整个实验中的重要环节之一,应遵循以下原则:

(1) 客观性原则:要客观、真实地记录实验数据,不可随意更改或捏造数据。

(2) 准确性原则:在记录实验数据时,要准确记录测量值和相关的实验现象,避免误差和偏差的产生。

(3) 可重复性原则:实验过程和数据记录应标准化、规范化,确保实验结果的可重复性。

(4) 可追溯性原则:实验数据记录应清晰、明确,以便对实验结果进行追溯和复查。

(5) 符合逻辑原则:实验数据的记录和分析要符合逻辑,数据处理方法和过程要符合科学原理。

（6）统计分析原则：对于多组实验数据，应进行统计分析，以便发现数据的内在规律和趋势。

（7）可信度原则：对于重要的实验数据，应采用多种方法进行测量和分析，以提高数据的可信度和可靠性。

（8）完整性原则：实验数据的记录要完整，包括实验前后的样品质量、试剂使用等都要记录清楚。

下面介绍几种环境仪器分析实验常用的实验数据记录与分析方法。

1.6.1 列表法

列表法以表格形式表示数据。列入表格的原始数据可以清晰地显示数据变化的过程，亦便于实验后对计算结果的检查和复核。表中可以同时列出多个参数的数值，便于同时考察多个变量之间的关系。

列表法表示数据时，要注意规范化：

（1）选择合适的表格形式，在科技文献中，通常采用"三线制"表格，而不采用网格式表格。当数据过多，数据与数据之间的间隔过小，不便于读出时，也可在三线表内适当位置加一些竖线。

（2）简明准确地标注表题，表题标注于表的上方。当表题不足以充分说明表中数据含义时，可以在表的下方加表注。

（3）表的第一行为表头，表头要清楚标明表内各列数据的名称和单位。名称尽量用符号表示。同一列数据单位相同时，将单位标注于该列数据的表头，各数据后不再加写单位，单位的写法一般采用斜线制，如该列数据表示温度 T，则该列的表头写成"$T/℃$"，而不写成"$T,℃$"。

（4）在列数据时，特别是数据很多时，每隔一定量的数据（如每 5 个或 10 个数据）留一空行。上下数据的相应位数要对齐。各数据要按照一定的顺序排列。

（5）表中的某个或某些数据要特殊说明时，可在数据上做一标记，如"*"，再在表的下方加注说明。

1.6.2 图示法

图示法将实验数据按自变量与因变量的对应关系绘成图形，它能够把变量间的变化趋势更加直观地显示出来，便于分析研究。实验人员可以在图上找出所需数据或发现某种规律等。在各种测量仪器中广泛使用记录仪或计算机工作软件直接获得测量图形，可以快速得到分析结果。

图示法的应用有标准曲线法求未知物浓度（图 1.2）、用标准加入法作图外推求组分含量（图 1.3）、用滴定曲线的折点求电位滴定的终点、用图解积分法求色谱峰面积等。目前，多采用计算机进行画图和数据处理。

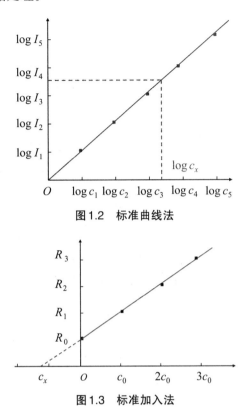

图1.2　标准曲线法

图1.3　标准加入法

1.6.3　软件分析法

1. Excel

Excel是Microsoft Office的组件之一,用于表格处理、画图及数据分析。

利用Excel能方便地将表格中的数据转化为图形。下面以表1.4为例进行介绍。

表1.4　吸光度A与苯酚含量之间的关系

项　目	编　　　　号					
	1	2	3	4	5	6
苯酚含量 /(mg/mL)	0.000	0.025	0.050	0.100	0.200	0.300
吸光度A	0.000	0.052	0.106	0.198	0.386	0.582

具体操作如下:

(1) 启动Excel,自动创建一个新的工作簿文件,取名为Book1。

(2) 将实验数据输入表格中,在第1列输入苯酚含量,在第2列输入吸光度A。选中数据区域,单击工具栏上"插入"中的"图表",出现"图表类型"对话框,选择"散点图"(图1.4),点击"下一步"。

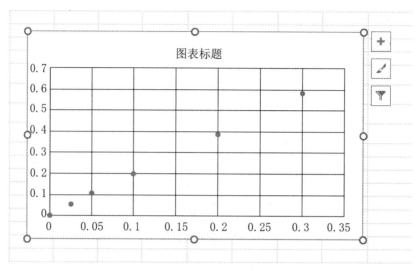

图1.4　Excel制作标准曲线步骤(2)

（3）点击右上角"＋"号,勾选"坐标轴标题",取消"网格线",在"图表标题"中填入"吸光度A与苯酚含量的关系";在横坐标文本框中填入"苯酚含量(mg/mL)";在纵坐标文本框中填入"吸光度A"。在"坐标轴 更多选项"中将横、纵坐标轴主刻度线类型调至"内部"(图1.5)。

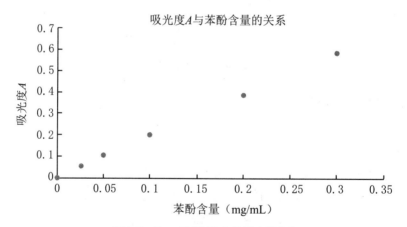

图1.5　Excel制作标准曲线步骤(3)

（4）按右键点击图上的数据点,点击"添加趋势线",由于本例中数据呈线性关系,在类型中选"线性",然后勾选"显示公式""显示R平方值"。注意,软件自动生成的R^2为决定系数,需要换算成相关系数R(图1.6)。

2. Origin

以Origin 8为例,具体操作如下：

（1）启动Origin后,出现"Book1"。

（2）将实验数据按"列"输入:苯酚含量输入"A(X)"列,吸光度A输入"B(Y)"列。

（3）选择A、B两列,选择任务栏中"Plot",再选择"Symbol""Scatter",即得到图形文件Graph 1,分别双击横、纵坐标,在"Title & Format"栏下将"Major Ticks"和"Minor Ticks"从"Out"调至"In",点击"OK"(图1.7)。

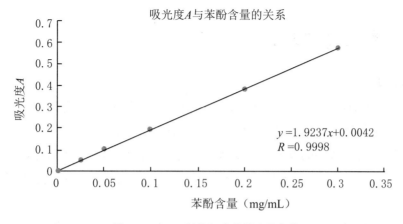

图1.6　Excel制作标准曲线步骤(4)

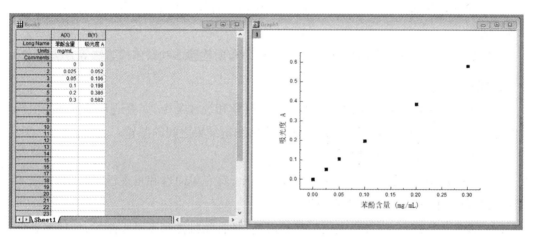

图1.7　Origin制作标准曲线步骤(3)

（4）点选Graph 1，按"Analysis"菜单，选择"Fitting"，选择"Linear Fit"，出现"Linear Fit"对话框，点击"Fit"，在Graph 1中显示出得到的拟合曲线，并在Results Log窗口列出拟合后的有关参数：斜率为1.92372，截距为0.00425，相关系数$R=0.9997$(图1.8)。

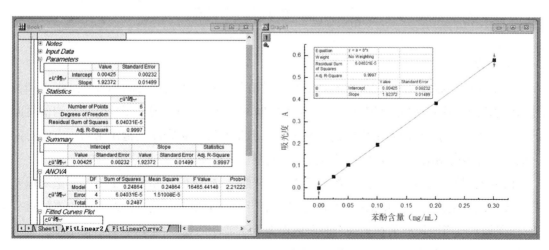

图1.8　Origin制作标准曲线步骤(4)

1.6.4 数据处理方法

1. 有效数字位数

在分析工作中通过直读获得的准确数字称为可靠数字,通过估读获得的数字称为存疑数字,测量结果中能够反映被测量大小的带有一位存疑数字的全部数字称为有效数字。

实验过程中,有效数字的取舍对实验结果的表达有很大影响,一般的有效数字取舍原则可参考口诀"四舍六入五考虑,五后非零则进一,五后皆零视奇偶,五前为偶应舍去,五后为奇则进一"。

对于计算时有效数字的取舍,加减法以小数点后位数最少的数为依据,乘除法以有效数字位数最少的数为依据。在计算过程中,可以暂时多保留一位数字,得到最后结果时,再弃去多余的数字。

可疑数据的取舍可以根据狄克松检验法、格鲁布斯检验法和奈尔检验法等方法确定。

2. 误差

误差是指测量值与真实值之间的差异。在科学和统计学中,误差通常是指观测值与真实值之间的差异,或者是多次测量同一量时,各次测量结果之间的差异。

误差根据其产生的原因可分为:

(1) 系统误差:由某些固定的原因造成的误差,具有单向性和重现性,如实验方法本身不够完善、仪器本身的缺陷、试剂不纯等。

(2) 偶然误差:由一些微小变化引起的误差,具有随机性和不可预测性,如环境条件误差、人员操作误差等。

(3) 过失误差:由一些不应有的错误造成的误差,如测量操作失误、仪器使用不当等。

误差还可以分为绝对误差和相对误差:

$$绝对误差 = 测量值 - 真实值$$

$$相对误差 = \frac{测量值 - 真实值}{真实值}$$

3. 偏差

偏差又可以称为表观误差,指的是个别测量值与测量的平均值之间的差异。误差和偏差的概念有所不同。误差是测量值与真实值之间的差异,而偏差则是测量值与平均值之间的差异。在统计学中,偏差常用于衡量测定结果的精密度。精密度是指使用同一方法对同一试样进行多次测定所得结果的一致程度。偏差越小,说明测定结果精密度越好。

根据表现形式,偏差可以分为绝对偏差、相对偏差、标准偏差和平均偏差等。绝对偏差是指某一次测量值与平均值的差异;相对偏差是指某一次测量的绝对偏差占平均值的百分比;标准偏差是指统计结果在某一个时段内误差上下波动的幅度;平均偏差是指单项测定值与平均值的偏差(取绝对值)之和,除以测定次数。

1.7　实验报告格式与要求

实验完毕,应用专门的实验报告本或实验报告纸,根据实验中的现象及数据记录等,及时认真规范地撰写实验报告。环境仪器分析实验报告一般包括如下内容:实验目的、实验原理、仪器与试剂、实验步骤、数据记录及数据处理、问题讨论。

实验原理部分要求学生简要地用文字或化学反应式对实验进行说明。例如,对于紫外-可见光分光光度法实验要说明方法原理、光谱解析依据等;对于滴定分析,通常应有标定和滴定的反应方程式、基准物质和指示剂的选择以及标定和滴定的计算公式等。对于特殊仪器的实验装置,应画出实验装置图、复杂设备的简要结构示意图、复杂操作的简要流程图等。

仪器与试剂部分要求学生列出仪器的型号、规格、生产厂家等以及实验中用到的主要试剂(试剂名称、级别、配制方法等)。

实验步骤部分要求学生简明扼要地写出实验步骤、方法流程及仪器测试条件等。

数据记录及数据处理部分要求学生应用文字、表格、图形等形式将测量数据及实验结果表示出来,尽可能地将记录数据表格化。根据实验结果要求,进行必要的数据处理,计算出分析结果,给出实验误差以及精密度评价等。

问题讨论部分需要学生结合相关理论知识对实验中观察到的现象、测量产生的误差以及实验结果等进行分析、讨论和评价,同时要解答实验教材上的思考题。问题讨论可以培养学生发现问题、分析问题、解决问题的能力,为以后撰写科学研究论文打下良好基础。

第2章 常用分析仪器操作规程与管理维护

2.1 ICP-3000电感耦合等离子体发射光谱仪

2.1.1 仪器介绍

电感耦合等离子体(ICP)发射光谱仪属于原子发射光谱仪的一种,其由电感耦合等离子体光源、单色器(分光系统)和检测器组成。江苏天瑞仪器股份有限公司的ICP-3000电感耦合等离子体发射光谱仪(图2.1)具有优异的分析性能,可以用来测定不同物质中的微量、痕量元素含量。扫描二维码2.1,观看电感耦合等离子体光源结构动画。

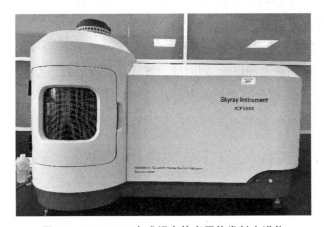

视频资料2.1

图2.1 ICP-3000电感耦合等离子体发射光谱仪

ICP-3000电感耦合等离子体发射光谱仪的主要技术参数如下:

1. 进样装置技术指标

(1) 输出工作线圈:内径25 mm,3匝。

(2) 三同心石英炬管:外径20 mm;根据中心通道大小有多种型号可选。

(3) 进口雾化器:同心雾化器,外径6 mm;有多种型号可选,如高盐雾化器、耐氢氟酸雾化器等(图2.2)。

(4) 雾化室:双筒形雾化室,可以选配旋流式雾化室,外径57.2 mm。

(5) 蠕动泵:十二转子四通道,转速可以根据需求流量进行设置(即根据进样速度设定)。

(6) 总氩气消耗量:小于14 L/min。

（7）流量计和载气稳压阀规格：

等离子气流量计：100～1000 L/h；

辅助气流量计：6～60 L/h；

载气流量计：6～60 L/h；

载气稳压阀：0.2 MPa；

冷却水：水温为20～25 ℃,流量＞5 L/min,水压＞0.1 MPa。

2. 分光系统技术指标

（1）光栅：中阶梯光栅,52.67 lp/mm,64°闪耀角。

（2）棱镜：超纯康宁紫外熔融石英,在170 nm处内透过率为99.6％。

（3）波长范围：165～900 nm。

（4）焦距：430 mm。

（5）数值孔径：$F/8$,超高的光通量仪器的检出限和灵敏度。

（6）分辨率：＜0.0068 nm@200 nm[①]。

（7）杂散光：10000 ppm[②] Ca溶液在 As 189.042 nm 处的等效背景浓度＜2 ppm。

（8）光室：精密恒温,35 ℃±0.1 ℃。

（9）分布式氮气吹扫,正常吹扫2 L/min,快速吹扫4 L/min。

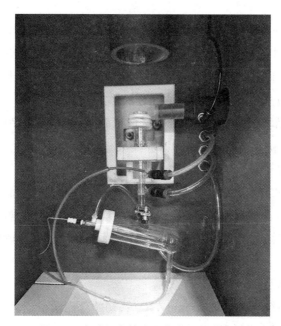

图2.2　电感耦合等离子体光源与雾化器

3. 检测器技术指标

（1）检测器类型：电荷注入式检测器(CID)。

（2）靶面尺寸：27.6 mm×27.6 mm,1024×1024寻址检测单元。

---

① @是英文单词"at"的缩写,表示"在……"。

② 1 ppm=10^{-6}。

（3）读取方式：非破坏性读取（NDRO）、幅读取（FF）和任意读取积分（RAI）。

（4）线性动态范围：108。

（5）波长响应范围：165～1000 nm。

（6）电子快门：单独设置各谱线的积分时间；可谱线独立读出，读出时间<2 ms。

（7）量子效率：无任何镀膜，200 nm紫外区可达35%以上。

（8）检测器冷却：三级半导体制冷，制冷温度为−45 ℃。

4. 仪器技术指标

（1）观测方式：垂直观测。

（2）液体含量：0.01 ppm至几千ppm。

（3）固体含量：0.001%～70%。

（4）重复性（短期稳定度）：相对标准偏差<0.5%。

（5）稳定性：相对标准偏差<1% @2 h。

（6）测试速度：单个谱线CID读出时间仅为2 ms，几分钟内即可实现所有元素的测量。

（7）元素检出限（μg/L）：大部分元素为1 ppb～10 ppb[①]。

2.1.2 操作方法

（1）打开氩气。确认氩气充足，气路连接完好，氩气纯度要求≥99.996%，输出压力为550～825 kPa（80～120 psig），当气瓶总压力小于2 MPa时，考虑更换。

（2）打开空压机。确认放气阀门关闭，可待空压机充满气后打开出气阀门，确认输出压力为550～825 kPa（80～120 psig），定期清理过滤器。

（3）打开冷却水循环机。检查水位，确认设定温度（通常设为20 ℃），确认输出压力为310～550 kPa（45～80 psig），半年更换一次冷却液。

（4）打开电感耦合等离子体发射光谱仪主机电源。

（5）打开Winlab 32操作软件，确认发生器和光谱仪均联机正常后，方可使用。

（6）安装蠕动泵管。检查泵管，当有扁平点出现时，应替换泵管。黑色卡头为进样管，红色卡头为排液管，并注意蠕动泵为顺时针旋转，点击点炬界面Pump，确认进样排液是否顺畅。

（7）打开抽风，点炬。

（8）初始化光学系统。待点炬15 min左右后，初始化光学系统，该过程需3～4 min，完成后确认其数值在−50～50范围内。

（9）点击软件测试方法选项，编辑样品信息。

（10）分析测试。

（11）分析完成后，在等离子体点燃的状态下，清洗5 min，无机样品分析后用去离子水清洗或者先用3%的硝酸清洗，再用去离子水清洗。

---

① 1 ppb=10^{-9}。

（12）关闭等离子体，排空积液，松开蠕动泵卡夹。

（13）先退出软件，再关闭电感耦合等离子体发射光谱仪主机电源，关闭抽风、循环冷却水、空压机、氩气。每天测试完成后，排空空压机内气体。

2.1.3　注意事项

（1）一定要在没有空气压力时才可打开过滤器，以免发生危险。

（2）当清洗完进样系统和炬管组件时，要对准观测位（轴向和径向），吸入1 ppm Mn溶液。当有错误提示时，切勿保存，要检查进样系统和进样情况。

2.2　GGX-920石墨炉原子吸收分光光度计

2.2.1　仪器介绍

原子吸收光谱仪由光源、原子化器、分光系统和检测器等部分组成，其结构如图2.3所示。按原子化方式的不同，原子吸收光谱仪可分为火焰原子吸收光谱仪和石墨炉原子吸收光谱仪两种。北京海光仪器有限公司的GGX-920石墨炉原子吸收分光光度计（图2.4）常用于食品、土壤、水等样品中金、银、铜、铅、锌、锰、钾、钠、钙、镁、铁、镉等元素的测定。其塞曼背景校正技术可以全波段扣除背景，提高了分析的精密度和准确度。准双光束可实时扣除元素灯漂移，保证了测量的准确度。

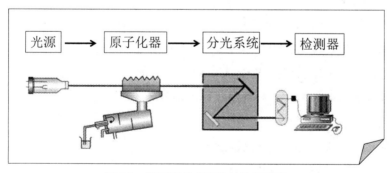

图2.3　原子吸收光谱仪结构示意图

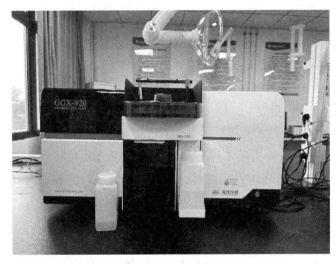

图2.4 GGX-920石墨炉原子吸收分光光度计

GGX-920石墨炉原子吸收分光光度计的主要技术参数如下:

(1) 波长范围:180~900 nm,计算机控制自动寻峰。

(2) 光栅刻线密度:1800 条/mm,全息平面光栅,分辨率高。

(3) 狭缝:0.2 nm、0.4 nm、1.0 nm、2.0 nm四挡自动调整。

(4) 波长设定:全自动检索,自动波长扫描;计算机控制自动寻峰。

(5) 波长重复性:±0.3 nm。

(6) 灯座:8灯座转塔式全自动切换,具备下一灯预热和自动关灯功能。

(7) 光路结构:双光束光路结构。

(8) 灯电流设置:0~20 mA,计算机自动设定,自动增益,自动灯电流,能量自动平衡。

(9) 背景校正:塞曼校正。

(10) 石墨炉加热方式:纵向加热。

(11) 静态基线稳定性:≤±0.003 A/30 min。

(12) 石墨炉最高工作温度:≥3000 ℃。

(13) 最大升温速率:2000 ℃/s,升温速率可调节。

(14) 温控范围:室温至3000 ℃。

(15) 加热控温方式:全自动,自动温度校正。

(16) 升温方式:阶梯升温、斜坡升温。

(17) 测定方式:峰高、峰面积任意选择和互换,软件设置,精准测定。

(18) 检出限:Cd 为0.01 μg/L,Pb 为0.1 μg/L。

(19) 特征浓度(Cd):≤0.025 μg/L。

(20) 精密度(Cd):RSD≤2%。

(21) 全波段扣除背景。

(22) 最大磁场强度:0.8 T以上。

2.2.2　操作方法

1. 开机

（1）打开实验室工作电源和通风设备。

（2）打开氩气气瓶,将出口压力调至0.3~0.4 MPa。

（3）安装待测元素空心阴极灯。

（4）打开计算机、主机、石墨炉(空开)电源。

2. 预热

（1）新建文件。

（2）在"分析条件"窗口选择"元素",打开元素灯并选择对应灯位。

（3）点击"定峰",使仪器找到相应元素的波长。

（4）通过"自动灯位"或"灯位加""灯位减"将灯的位置调至最佳。

（5）打开"模拟监视"窗口,将监视窗口的横、纵坐标调至相应倍数,预热30 min以上,观察基线是否平稳。

3. 测试

（1）安装石墨管,调节自动进样器,使进样针可以准确插入石墨管进样孔。

（2）在"方法条件"中设置石墨炉升温程序、读数方式、标准曲线等参数并点击保存。

（3）打开循环水冷却装置。

（4）"空烧"石墨管2~3次确保石墨管内杂质去除干净。

（5）点击"自动增益""清零",使透过率达到100%。

（6）在"分析测试"窗口选择标准曲线法,添加样品空白和样品,并按顺序测试"标准空白""标准曲线""样品空白""样品"。

（7）在"分析报表"中设置报告信息并选择保存应用,点击预览打印界面的打印、保存数据或导出。

4. 关机

（1）测试完成后要清洗数次,然后关闭氩气气瓶总阀。

（2）关闭循环水冷却装置。

（3）关闭仪器主机电源和石墨炉空气开关。

（4）退出软件,关闭计算机。

2.2.3　注意事项

（1）每次测试之前,要检查自动进样器的进样针的位置是否正确。

（2）如果更换新的石墨管,要进行预处理,否则容易损坏。

（3）使用前应检查石墨炉自动进样器使用的样品盘是否是仪器所选用的型号，若不是则容易损坏进样针。

（4）灯电流不要过低也不要过高，应不超过额定灯电流的2/3。

（5）对于塞曼背景校正的仪器，禁止含铁、钴、镍制品，如镊子、电子设备、磁卡等物品接近磁钢。

2.3　GGX-910火焰原子吸收分光光度计

2.3.1　仪器介绍

GGX-910火焰原子吸收分光光度计(图2.5)是一种测量原子吸收光谱的仪器，它利用的是原子吸收特定波长的光线后被激发，产生电子跃迁，并发射出一定频率的光线。不同元素吸收和发射光线的频率是不同的，因此可以根据吸收光线的频率确定物质的成分。

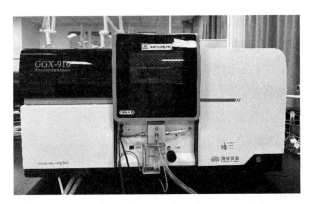

图2.5　GGX-910火焰原子吸收分光光度计

在具体操作时，火焰原子吸收分光光度计要将待测样品进行处理，通常采用溶解、消解、稀释等方法使其达到适合测量的浓度范围。在消解过程中，要注意保持温度稳定、升温速率适当、消解液中有足够的氧气等。火焰原子吸收分光光度计采用单色光源，将入射光线分散为谱线，通过旋转光栅选择特定波长的光线，最后通过检测器进行检测。

GGX-910火焰原子吸收分光光度计的主要技术参数如下：

（1）塞曼背景校正：全波段扣除背景，恒定磁场、横向塞曼技术。

（2）背景校正能力：＞60倍。

（3）准双光束：可实时扣除元素灯漂移。

（4）八灯自动灯塔：可同时预热八只元素灯。

（5）旋转灯塔：克服灯线缆的转动缠绕。

（6）波长范围：180～900 nm。

（7）Czerny-turner 型光路设计,1800 条/mm 平面衍射光栅。

（8）焦距:270 mm。光程短,能量强。

（9）自动定峰、自动光谱带宽。

（10）软件功能强大,允许任选一条校正曲线和任意一个空白进行校正。

2.3.2　操作方法

1. 开机

（1）打开实验室工作电源和通风设备。

（2）打开乙炔气瓶,将出口压力调至 0.1 MPa。

（3）打开空气压缩机,将出口压力调至 0.3~0.4 MPa。

（4）安装待测元素空心阴极灯。

（5）打开计算机、仪器主机。

2. 预热

（1）进入操作软件,新建文件。

（2）在"分析条件"窗口选择"元素",打开元素灯并选择对应灯位。

（3）点击"定峰",使仪器找到相应元素的波长。

（4）通过"自动灯位"或"灯位加""灯位减"将灯的位置调至最佳。

（5）打开"模拟监视"窗口,将监视窗口的横、纵坐标调至相应倍数,预热 30 min 以上,观察基线是否平稳。

3. 测试

（1）打开循环水冷却装置。

（2）确认水封装置内液位在最高状态。

（3）点击"点火"按钮,仪器将自动执行点火操作。点火成功后,吸入去离子水。

（4）点击"自动增益""清零",使透过率达到 100%。

（5）在"分析测试"窗口选择标准曲线法,添加样品空白和样品,并按顺序测试"标准空白""标准曲线""样品空白""样品"。

（6）在"分析报表"中设置报告信息并选择保存应用,点击预览打印界面的打印、保存数据或导出。

4. 关机

（1）关闭乙炔气瓶总阀,待管路内残余气体燃烧干净以后再熄火。

（2）整理测试结果,测试完成后退出软件,关闭计算机。

（3）关闭仪器主机电源和空压机电源。

（4）关闭循环水冷却装置。

（5）最后清理样品,擦拭燃烧头等部件。

2.3.3 注意事项

(1) 在使用仪器前,应先将所有旋钮归零,再通电开机。开机应先开低压,再开高压;关机时则相反。

(2) 元素灯要预热。预热后,灯电流应由低慢慢升至适宜值,确保发光平稳后再用于测定。元素灯关闭后,要在原位冷却5 min以上,再取下来,确保灯内阴极部位因高温而呈液态的元素凝固,否则将缩短元素灯的使用寿命。要保持灯窗口洁净,如有污物,用擦镜纸轻轻擦拭。

(3) 点火时先开助燃气,后开可燃气。关闭时,先关可燃气,后关助燃气。最后把空气压缩机放空。可燃气燃烧期间,操作人员不能离开。经常检查管道,防止泄漏。

(4) 对于塞曼背景校正的仪器,禁止含铁、钴、镍制品,如镊子、电子设备、磁卡等物品接近磁钢。

2.4 UV-2600/3600紫外-可见分光光度计

2.4.1 仪器介绍

紫外可见光分光光度计由光源、单色器、吸收池、检测器、信号处理及显示系统等部件组成,如图2.6所示。

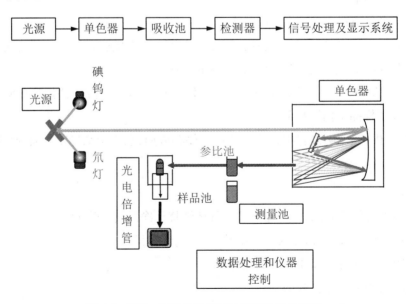

图2.6 紫外-可见分光光度计组成及工作原理

　　紫外-可见分光光度计是每个化学分析实验室必备的仪器设备之一,在各种定量和定性分析中得到了广泛应用。UV-2600/3600是岛津的中高端UV-VIS-NIR分光光度计的型号(图2.7和图2.8),其主要特点包括高灵敏度、高分辨率和宽测量范围。该仪器配置了3个检测器,分别是检测紫外及可见区域的PMT检测器(光电倍增管)、检测近红外区域的InGaAs检测器和Cooled PbS检测器。这种检测器配置确保了在整个检测波长范围内的高灵敏度。另外,UV-3600采用高性能的双单色器,实现了高分辨率(最高分辨率达0.1 nm)和超低的杂散光(340 nm处杂散光在0.00005%以下)。其测定波长范围为185~3300 nm,可以在紫外、可见、近红外的广阔范围内进行测定,因此可以应对各种领域的测定要求。

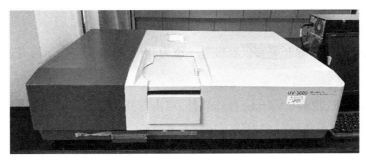

图2.7　UV-3600紫外-可见分光光度计

图2.8　UV-2600紫外-可见分光光度计

　　UV-3600紫外-可见分光光度计还具有丰富的应用程序和配件,如UVProbe,可以实现QA/QC的真正功能,并完全支持GLP、GMP。此外,还可以加载膜厚测定、色彩分析等软件。其技术参数见表2.1。

表2.1　岛津UV-3600紫外-可见分光光度计的技术参数

技术指标	参　数　特　征
测试波长范围	185~3300 nm
分辨率	0.1 nm
谱带宽度	UV/VIS:0.1 nm、0.2 nm、0.5 nm、1 nm、2 nm、3 nm、5 nm、8 nm 8段转换 NIR:0.2 nm、0.5 nm、1 nm、2 nm、3 nm、5 nm、8 nm、12 nm、20 nm、32 nm 10段转换

续表

技术指标	参 数 特 征
检测器	光电倍增管/InGaAs/Cooled PbS
杂散光	0.00008%T 以下(220 nm,NaI 10 g/L溶液)
	0.00005%T 以下(340 nm,$NaNO_2$)
	0.0005%T 以下(1420 nm,水)
	0.005%T 以下(2365 nm,氯仿)

2.4.2　操作方法

1. 仪器准备

打开电源后(右侧电源开关),仪器报警一声为开机,报警二声表示可开始测定实验。

2. 测试

(1) 打开计算机,找到UVProbe操作软件,双击打开。

(2) 在UVProbe操作软件中找到"仪器"选项,点击"仪器"→"配制"→"初始化"→"快速初始化"。

(3) 在UVProbe界面上点击"连机"按钮进行连机。

3. 数据测定

(1) 光谱测定(仪器最大测定范围为190~3400 nm,最佳测定范围为200~3000 nm)。

① 仪器的基线校正。一般情况下,主机应该烘干1~2 h后再进行基线校正(单机校正基线时,样品架上没有参比物和样品)。

② 光谱测定。点击光谱方法图标,在打开的光谱方法窗口中找到测定选项,点击进入该界面,调节其中参数。

(2) 动力学测定。点击"测定"选项,打开"测定"界面,设定实验参数:"时间"***s;"波长"****nm;"自动调零"→"开始";测得数据单后缀为"KIN"。

(3) 定量测定。"波长"****nm→"下一步"→"WL⊥上提"→"类型"多点/单点/K-因子/原始数据→"完成";"文件"→"另存为"→文件名称(后缀为UNK)。

4. 关机

(1) 在UVProbe界面上点击关机键,拿出样品池。

(2) 关闭UV-3600主机,关闭计算机、打印机、稳压电源。

2.4.3　注意事项

(1) 确保仪器放置在稳定、不受震动影响的环境中,避免仪器受到阳光直射或气流干扰。

(2) 在使用前,要检查待测波长是否在仪器的测量范围内。

（3）在用比色皿盛装样品前,要用所盛装的样品冲洗两次,防止污染。在比色皿内有颜色挂壁时,可用无水乙醇浸泡清洗。

（4）在测试过程中,应避免在仪器上方倾倒测试样品,以免样品污染仪器表面,损坏仪器。

（5）若测得的吸光度大于 1.0,则应稀释样品后再进行测量。

（6）在开关试样室盖时,动作要轻缓,防止损坏仪器。

（7）在使用后,要及时切断电源,待仪器冷却后再罩上仪器罩。

（8）测量过程中,应保持测量室的窗门关闭,以免影响测量结果的准确性。

（9）每半个月至少更换一次干燥剂,根据测量环境可适当调整更换频率。

（10）在使用后,要清理工作室,将比色皿清洗干净并倒置晾干。

（11）当出现电源开关指示灯不亮、数显不亮或不稳、交流电压不稳等问题时,可以检查电源是否接通、保险丝是否断裂、预热时间是否足够、环境震动是否过大、空气流速是否过快或周围光线是否太亮等因素。

（12）数显为"1"的后三位数字不亮可能是光能量过大导致的,此时应检查选择开关是否在 A 挡并打开试样室盖或在测试时溶液的吸光度是否大于"2.000"。

（13）不能调零(0％T)或光门不能关闭可能是光源灯损坏或比色皿架未落位导致的,此时应检查比色皿是否清洁且放置正确。

（14）实验室温度应保持在 15～35 ℃范围,湿度应保持在 45％～70％范围。

2.5　DM-600 型红外分光测油仪

2.5.1　仪器介绍

DM-600 型红外分光测油仪是根据国家标准 HJ 637 所规定的水质、石油类和动物油类的测定方法红外分光光度法进行开发研制的一类专用仪器(图 2.9),在波数为 2930 cm^{-1}、2960 cm^{-1}、3030 cm^{-1} 处分别测量甲基、亚甲基和苯环的吸收值,根据公式计算出样品中各物质的含量。测量方法可分为全谱扫描、三点扫描和非分散测量。该仪器采用微机控制,能自动测量,光学元件固定、性能稳定,与重量法、紫外法、荧光法等以前的方法相比,具有重现性好、准确度高、可比性强、不受油品成分结构限制、操作简单方便等显著特点,是与国际标准接轨的仪器,可广泛应用于各级环境监测部门对地面水、地下水、生活污水、石油化工等行业循环水中含油量及饮食油烟排放的监测。其主要技术参数见表 2.2。

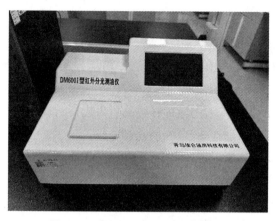

图2.9 DM-600型红外分光测油仪

表2.2 DM-600型红外分光测油仪主要技术参数

技术指标	参 数 特 征
相关性	$R>0.9999$
波数范围	85000 px^{-1}~60000 px^{-1}
吸光度范围	0.0000~3.000 AU
基本测量范围	0.1~10000 mg/L（水样中油浓度）
仪器扫描范围	3.0~3.5 μm
电源	220 V±22 V 50 Hz±1 Hz 35 VA
使用温度及湿度	10~35 ℃ 20%~80%RH

2.5.2 操作方法

1. 开机

打开电源开关,则看到仪器后面有灯光闪烁,仪器开始调整光学系统,30 s后可听到仪器内蜂鸣器"嘟"的一声长鸣,说明仪器已准备就绪,可以与电脑联机进行相关操作了。

2. 校正波长零点

当波长走偏时要重新设置波长零点,调整了波长零点后,要重新测量空白才能进行样品测量。如果波长调制幅度较大,则整个过程都要重新进行,包括校准零点和绘制标准曲线。

3. 试剂纯度检验

以空气作空白、四氯乙烯作样品进行波谱扫描,将得到该四氯乙烯相对于空气的吸收谱图。观察谱图在3.4 μm处是否有吸收峰,峰越高,说明四氯乙烯纯度越差。

4. 选取相应标准曲线

只有文件bzqx为当前使用的标准曲线,如果想换用其他曲线如"曲线1",要先用鼠标点按"曲线1",然后点击使用该曲线,则"曲线1"的内容替换bzqx的内容,当前使用的曲线文件仍然是 bzqx,但其内容变了。

5. 萃取

将 500 mL 的水样全部倒入分液漏斗中,加入 50 mL 四氯乙烯,充分振荡 2 min,并经常开启活塞排气。静置分层后,将下层四氯乙烯放至 100 mL 烧杯中,加入适量无水硫酸钠除水。对于含油量较少的水样,水样可取 1000 mL 或更多,四氯乙烯取 25 mL。

6. 测定

(1) 输入所用水样和四氯乙烯的体积并点击"计算萃取比"。

(2) 空白调零。将四氯乙烯倒入参比比色皿中,点击"空白调零"。

(3) 样品测定。待空白调零完成,将萃取液倒入样品比色皿中,点击"测量样品",得到样品浓度值(总油)。如果还要进一步测量矿物油的含量,则倒掉此溶液,清洗比色皿后倒入经硅酸镁吸附后的滤出液,点击"测量样品",得到矿物油的含量。总油减去矿物油的含量为动植物油的含量。

(4) 测量完成后把废液倒入指定容器后关闭仪器电源。

2.5.3　注意事项

(1) 试剂要使用红外测油专用四氯乙烯,不可用市售普通四氯乙烯。

(2) 为确保测量精度,样品的含油量最好低于 80 ppm。

(3) 为避免水对测试结果的影响,请在样品萃取制备过程中进行脱水处理。

(4) 比色皿的清洁和箭头方向会影响测量结果,测试时要注意。

2.6　HGF-N$_3$原子荧光光度计

2.6.1　仪器介绍

原子荧光光度计主要分为色散型和非色散型两类。色散型仪器由辐射光源、单色器、原子化器、检测器、显示和记录装置组成,为了避免激发光源的辐射被检测到,光源与检测器呈直角配置。其中光源一般为高压汞蒸气灯或氙弧灯,其能发射出强度较大的连续光谱。单色器置于光源和样品室之间,用于筛选出特定的激发光谱。原子化器将样品中的元素转化为原子态。检测器则检测荧光信号的强度。非色散型仪器的结构与色散型仪器相似,但其无发射单色器。原子荧光度计结构示意图见图 2.10。

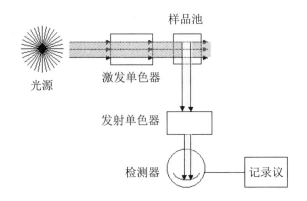

图2.10　原子荧光光度计结构示意图

HGF-N₃原子荧光光度计具有较高的灵敏度和准确性(图2.11)。由于它采用了原子荧光技术,可以更准确地测量元素的含量,并且具有较低的检测限。此外,它还具有较好的选择性。它可以有效地分离和测量不同元素,避免了元素的干扰,提高了测量的准确性。最后,原子荧光光度计还具有操作简便、快速、样品消耗低等优点,使其在实验室和现场分析中得到了广泛应用。

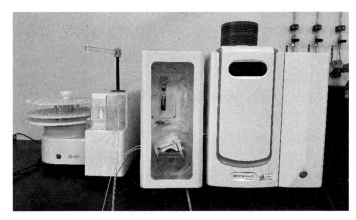

图2.11　HGF-N₃原子荧光光度计

2.6.2　操作方法

1. 准备工作

开排风、开氩气、开电脑。

2. 开机测量

(1) 依次打开主机、蠕动泵和自动进样器电源(测量汞时打开灯室,观察灯是否点亮,没亮时用泡沫摩擦灯壁激活点亮,如更换元素灯,要关闭主机电源进行)。

(2) 打开软件。

(3) 新建文件。

（4）预热：开气，点火（注意观察炉丝是否点亮），点击"预热"功能，预热时间为 30 min，可在此时间段内配试剂。

（5）点击"方法设定"，选择待测元素，进样方式选择自动或手动，选择测量方式（标准曲线法）。

（6）在方法库中，选择方法（或新建编辑方法）并应用。

（7）点击"样品信息"，并输入样品信息。

（8）标液和样品倒入及放置。

① 把蠕动泵的压块压好，在载液位和清洗位中倒入载液。

② 将绿色管子接入还原剂硼氢化钾，剩下白色管子接入酸液中。

③ 将标准溶液按浓度低到浓度高的顺序依次放置于1～9位（根据方法中所设置的位置依次放置）。

④ 根据样品信息里设置的位置将样品依次放置。

（9）开始测量：点击"分析测试"，从标准空白开始，点击"测量"，选择"从选择位置开始测量"。

（10）测量完毕后，点击"分析报表"，输入报告信息后，点击"保存并应用"，点击"预览打印"，选择所需的打印格式，导出原始数据。

3. 清洗

（1）将白色和绿色进样管放入载液中，点击"清洗"，清洗3～5次（具体根据实际情况而定）。

（2）将白色和绿色进样管放入清水中，将载液槽中的载液倒掉，倒入清水，点击"清洗"，清洗3～5次（具体根据实际情况而定）。

（3）将上述两管拿出并放入空气中，将载液槽中的清水倒掉，点击"清洗"，清洗3～5次，排掉管路中的液体，清理掉所有废液后松开压块。

4. 关机

熄火、关氩气、关排风、退出软件，关闭仪器（依次关闭蠕动泵、主机、自动进样器电源），关闭电脑。

2.6.3　注意事项

（1）打开原子荧光光度计主机前，先开氩气气瓶总阀并将出口压力调至0.2～0.25 MPa，否则会导致仪器欠压报警并可能会影响仪器的正常工作。

（2）打开仪器前装上需测的元素灯，然后打开仪器，待仪器自检结束后，看元素灯有没有亮。

（3）在仪器参数设置中进行样品设置时，混合模块，一般选三通，而测汞应选四通，然后点击"应用"。测汞无需点火和开控温，测其他元素则需点火和开控温。

（4）实验中应保持实验室通风状况良好，废液桶及时处理，以保持废液排放顺畅。

（5）测试结束，应清洗仪器，将进样针和还原剂毛细管放入去离子水中，点击"清洗"，一般洗3～5次。

2.7　GC-2014C气相色谱仪

2.7.1　仪器介绍

气相色谱法(GC)是一种把混合物分离成单个组分的实验技术，常用来对样品组分进行定性与定量的测定。

气相色谱法利用物质的吸附能力、溶解度、亲和力、阻滞作用等物理性质的不同，对混合物中各组分进行分离、分析。气化的混合物或气体通过含有某种物质(吸附剂)的管，基于管中物质对不同化合物的保留性能的不同而得到分离。这是基于时间的差别对化合物进行分离。样品经过检测器以后，被记录的就是色谱图，每一个峰代表最初混合样品中不同的组分。峰出现的时间称为保留时间，可以用来对每个组分进行定性分析，而峰的大小(峰高或峰面积)则是组分含量大小的度量。

气相色谱仪是完成气相色谱分离、分析检测的仪器设备，主要包括气路系统、进样系统、分离系统、检测系统、记录系统和温控系统(覆盖气化室、色谱柱和检测器)六个基本单元，如图2.12所示。扫描二维码2.2，观看气相色谱仪结构及工作原理动画。

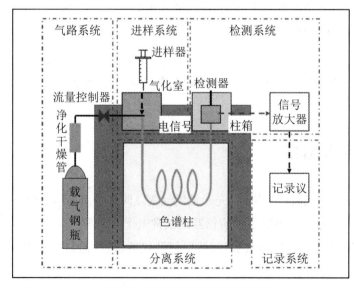

视频资料2.2

图2.12　气相色谱仪基本结构图

GC-2014C气相色谱仪是一种高效的分析仪器，可以提供全手动和全自动流量控制机型,满足不同分析需求(图2.13)。全自动流量控制机型采用了与GC-2010系列和GC-2014系列相同的电子流量控制单元(AFC),实现了高精度的气体流量控制。

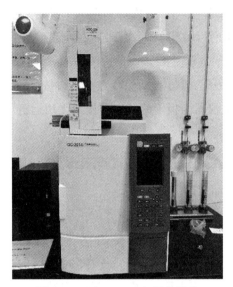

图2.13　GC-2014C气相色谱仪

2.7.2　操作方法

1. 开载气
逆时针打开载气(氮气)总阀,顺时针打开减压阀使其输出压力为0.5 MPa。

2. 开机
打开数据连接器CBM-102、显示器和计算机电源,打开色谱仪主机电源。

3. 设置色谱条件
在仪器主机面板上设置柱温、进样口温度和检测器温度,输入数据后,按"确认"键。

4. 启动仪器
按"SYSTEM"按钮,再按"PF1"按钮(启动GC),启动气相色谱仪主机,按"Monit"按钮,进入仪器监视窗口,观察仪器实时状态。

5. 打开色谱工作站
双击桌面CS-Light Real Time Analysis图标(实时分析),输入用户名"Admin",点确定后进入数据采集窗口。

6. 点火
在仪器显示屏监视窗口中观察进样口、色谱柱和检测器温度,待三者达到设定值后,打开空气压缩机和氢气发生器电源。按"DET"按钮,再按"PF1"按钮(点火)。按"Monit"按钮,进入仪器监视窗口,观察FID火焰,如果显示实心则表明已点燃火焰。如果火焰未点燃,检查气体供应是否正常后再重新点火。

7. 样品测定

待系统稳定后,在仪器监视窗口按"PF3"按钮(信号归零),使输出信号在零位附近,再在工作站上单击"CBM调零"。点击"单次分析",再点击"样品记录",输入样品名称和数据文件保存路径,在自动递增栏打钩,单击"开始";待显示就绪后,用微量注射器准确吸取1.0 μL样品注入色谱仪中,按仪器上的"Start"按钮,开始采集数据;待甲苯峰出完并回基线后点"停止分析",数据停止采集,仪器自动保存数据。再按仪器面板上的"Stop"按钮停止运行(如果仪器在运行中,则按仪器面板上的"Start"按钮无法运行下一针样品)。

8. 数据记录

按路径找到保存的数据文件后直接双击打开,记录保留时间和峰面积,注意区分溶剂峰和目标峰。

9. 降温、关机

实验完毕后,关闭氢气发生器电源,关闭空气压缩机电源并按放水阀放水。按"SYSTEM"按钮,再按"PF1"按钮(停止GC)。按"Monit"按钮进入仪器监视窗口,观察进样口和检测器温度,待其降至80 ℃以下后,退出色谱工作站,关闭主机电源,再关载气。退出计算机操作系统,关闭显示器和计算机电源,盖上仪器防尘罩,填写仪器使用记录表。

2.7.3　注意事项

(1)气相色谱仪应安放在室内干燥、水平处,防止震动和腐蚀。

(2)要注意安全用电,电压要保持稳定,仪器要有良好的地线。

(3)室内的温湿度应按仪器使用要求控制在合适的范围内,室内应保持良好的通风。

(4)仪器所需气体的纯度应符合规定,高压气瓶的使用应遵守有关安全使用管理规定。每次开启仪器之前,都要检查气源供应是否充足,并用肥皂水或漏气检测溶液检查气瓶减压阀、气体配管、气体软管和仪器的气体控制部分是否漏气。

(5)每次开启仪器之前,都要检查进样隔垫、石英衬管和石英棉的情况,如果已被污染,应及时精心清洗或更换。

(6)严格按照GC-2014C气相色谱仪操作规程及其他相关规定进行仪器操作。

(7)FID检测器的点火、灭火和工作温度都要高于100 ℃,以免离子室内产生冷凝水导致电绝缘下降,引起噪声。

(8)每次实验完毕后,都要先将柱温降低至室温后,再将进样口和检测器的温度降低至80 ℃以下方可关机,再切断气路和电源。

(9)仪器在使用、检查、维护和检修后都要认真做好有关记录。

(10)要保持仪器清洁,如有易燃、易爆、易挥发以及有腐蚀性的物品滴落在仪器上,应及时清理。每次用完后用布盖好,以防仪器积灰。

(11)仪器如果长期不用,应每月开机一次。

2.8　Essentia LC-16高效液相色谱仪

2.8.1　仪器介绍

高效液相色谱仪主要由高压输液系统、进样系统、分离系统、检测和辅助系统四个部分组成。其中对分离分析起主要作用的是高压泵、色谱柱和检测器三大部分。图2.14是典型高效液相色谱仪结构图。扫描二维码2.3,观看高效液相色谱仪结构及工作原理动画。

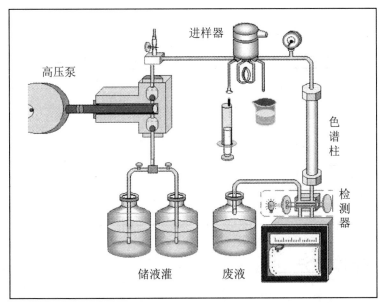

视频资料2.3

图2.14　典型高效液相色谱仪结构图

日本岛津Essentia LC-16高效液相色谱仪采用了高精度结构(图2.15),能够提高送液准确度和精确度,采用SPD-16紫外-可见双波长检测器,具有高灵敏度和宽线性范围等优异性能,同时实现了简单操作和丰富的预处理功能,广泛用于环境样品中的有机污染物、农药残留等有害物质的分离和检测以及水处理过程中的物质分析。其主要技术参数见表2.3。

图2.15 Essentia LC-16高效液相色谱仪

表2.3 Essentia LC-16高效液相色谱仪主要技术参数

技术指标	参 数 特 征
最大耐压	40 MPa
进样范围	1~100 μL
波长范围	190~700 nm
流速范围	0.001~10.000 mL/min
进样位数	1.5 mL×100个或4 mL×75个
温控范围	(室温＋10 ℃)~50 ℃
采集频率	100 Hz

2.8.2 操作方法

(1) 接通电源,依次开启高压泵、检测器(在进样前30 min打开)、Lcsolution工作站。

(2) 逆时针转动高压泵的排液阀180°,打开排液阀;按高压泵的"purge"键,"pump"指示灯亮,高压泵以约9.9 mL/min(可设定)的流速冲洗,5 min(可设定)后自动停止;将排液阀顺时针旋转到底,关闭排液阀。如果管路中仍有气泡,则重复以上操作直至气泡排尽。

(3) 双击Lcsolution色谱工作站,点击"LC实时分析""仪器参数视图",设置在分析中要使用的仪器参数、分析条件,点击"LC实时分析"窗口左上角助手栏文件项,保存方法,单击"下载"将设置传输到仪器上,按"pump"启动高压泵,待高压泵压力稳定、基线平稳后,可开始分析测定工作。

(4) 单击"LC实时分析"窗口助手栏上的单次运行图标,选择分析方法,输入数据文件的名称、路径后点击"确定"。然后将进样阀手柄置"LOAD"处,注射器的平头针直插至进样器的底部,样品溶液进样,将进样阀手柄转到"INJECT"位置,或将样品溶液经适宜的0.45 μm滤膜过滤后置于进样小瓶中,盖上带有垫片的瓶盖,将进样小瓶放入储样室内,记录瓶位置、进样体积,点击"确定",工作站自动采集数据。

（5）双击 Lcsolution 色谱工作站,点击"再解析",在助手栏中选择相对应的文件序号进行数据处理分析。

（6）分析完毕后,先关检测器,再用经过滤和脱气的适当溶剂清洗色谱系统,正相柱一般用正己烷,反相柱如使用过含盐流动相,则用不同浓度的甲醇-水冲洗。冲洗时先按操作步骤（2）,用各种冲洗剂冲洗 15～30 min,特殊情况应延长冲洗时间,然后使用进样器所附的专用冲洗接头冲洗泵头和进样口,进样器也应用相应溶剂冲洗。

（7）切断电源,填好仪器使用记录表及维护保养记录表。

2.8.3　注意事项

（1）确保所测定的样品在处理过程中不失去原有的性质,同时要注意样品的体积、浓度、pH 等,确保样品在进入液相色谱柱前符合测试要求。

（2）在样品准备完毕后,要打开 LC-16 高效液相色谱仪的控制软件,通过软件对仪器进行操作。

（3）在使用液相色谱仪前,要确保仪器的部件完好无损,各管路连接正确无误。

2.9　YC7060 型离子色谱仪

2.9.1　仪器介绍

离子色谱仪由流动相输送系统、进样系统、分离系统、抑制器、检测系统、信号记录和处理系统组成。青岛埃仑通用科技有限公司 YC7060 型离子色谱仪配有三种不同的进样模式,即手动进样、电动进样、自动进样,三者之间可自由切换（图 2.16）。YC7060 型离子色谱仪的色谱高压输液泵采用离子色谱专用电子抑制无脉冲高压双柱塞泵,进口六通进样阀和全流路采用进口耐压、耐酸碱、耐腐蚀的全 PEEK 材料。其色谱分析系统可以一次性进样分析 F^-、Cl^-、Br^-、NO_2^-、PO_4^{3-}、NO_3^-、SO_4^{2-} 等阴离子及有机酸。同时,正压排气装置可以连续自动排出流动相中溶解的气体,彻底消除流动相中的不稳定因素从而降低基线漂移及噪声。扫描二维码 2.4,观看离子色谱仪的结构及工作原理动画。

YC7060 型离子色谱仪可以广泛应用于卫生防疫、自来水、环境监测、农业土壤、质量检验、石油化工、地质勘探、医药生产检验等领域。其具体参数如下:

（1）最小检出浓度:对于 F^-,≤0.0004 $\mu g/mL$,对于 Cl^-,≤0.0005 $\mu g/mL$,对于 NO_3^-,≤0.003 $\mu g/mL$,对于 SO_4^{2-},≤0.003 $\mu g/mL$。

（2）基线噪声:≤0.2%FS/30 min。

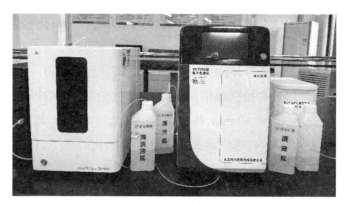

图2.16 YC7060型离子色谱仪

(3) 基线漂移：≤0.6%FS/30 min。

(4) 离子色谱泵耐压范围：0~37 MPa。

(5) 流量范围：0.001~9.999 mL/min。

(6) 流量精度：$RSD<0.1\%$。

(7) 压力波动精度：≤1.0%。

2.9.2　操作方法

(1) 开机：仪器管路连接好后，依次开启正压排气装置、离子色谱仪主机、自动进样器、电脑主机，打开色谱软件。先点主机进入按键，不要点启动。

(2) 淋洗液配置：准确称取21.2 g无水碳酸钠，并置于1000 mL容量瓶中，用去离子水定容至标线，混匀，作为淋洗液母液。取18 mL母液，并置于1000 mL容量瓶中，用去离子水定容至标线，混匀，作为使用液（淋洗液根据色谱柱要求调整）。

(3) 排气泡：初次使用或长时间未用，流速调到0.3 mL/min，更换好淋洗液、使用液，启动之前检查正压排气装置与主机之间的透明输液管中是否有气泡。若有气泡，请在与自动进样机相连的PEEK管处抽取气泡，直至透明输液管充满液体无气泡为止。电流调为零，点启动，连接色谱柱压力上升，稳定，抑制器废液管出废液，调制所需电流。

(4) 开启离子色谱软件：仪器流路正常，数据显示正常，开启离子色谱软件，确定软件是否连接正常，连接正常后跑基线，等待进样。流速要根据色谱所需，逐步上升。

(5) 用去离子水将注射器、针头清洗干净。

(6) 用装有去离子水的洗瓶将进样口清洗2~3次。

(7) 将阀旋到"进样"位置，用注射器各吸取1~2 mL去离子水、样品并依次注入，将定量环清洗3次（注意注射器中不能有气泡）。再吸取1~2 mL（一般取1 mL）样品并注入，迅速将阀旋至"分析"位置，同时按动"启动"按钮采集信号或仪器开始自动采集信号，并分析样品。

(8) 实验完毕，将泵关闭，将色谱柱卸下，两端用柱接头拧紧将其密封，放于仪器内保存（如果是阴离子检测，则要再将电流旋钮关闭）。

（9）将滤头置于去离子水瓶中，用"两通管"取代色谱柱连通整个流路，启动泵，清洗流路15～30 min，再依次关闭泵开关、仪器主机电源开关。处理好谱图，并进行计算，生成打印报告，存盘，打印。关闭工作站、电脑，切断电源。

2.9.3　注意事项

（1）流动相瓶中滤头要始终处于液面以下，防止将溶液吸干。

（2）启动泵前观察从流动相瓶到泵之间的管路中是否有气泡，如果有则应将其排除。

（3）使用阴离子色谱柱检测，通流动相时注意将电流旋钮打开，调节至70 mA±5 mA，实验完毕，在关闭泵以前将电流关闭。

2.10　GCMS-QP2010SE气相色谱-质谱联用仪

2.10.1　仪器介绍

气相色谱-质谱联用仪是一种结合了气相色谱和质谱技术的仪器，气相色谱法对有机化合物是一种有效的分离分析方法，特别适合进行有机化合物的定量分析；质谱法可以进行有效的定性分析。气相色谱仪（GC）的高分辨率和质谱仪（MS）的高灵敏度的完美结合被广泛用于成分复杂的样品的分离及检测或痕量化合物的检测。

质谱仪通常由真空系统、进样系统、离子源、质量分析器、检测器、计算机控制及数据处理系统六个部分组成（图2.17）。分析的一般过程是通过合适的进样装置将样品引入并气化，气化后的样品进入离子源被电离成离子，离子被加速后进入质量分析器，按不同的质荷比进行分离并依次进入检测器，电信号经过放大，按对应的质荷比记录下来得到质谱图。图2.18为GCMS-QP2010SE气相色谱-质谱联用仪。

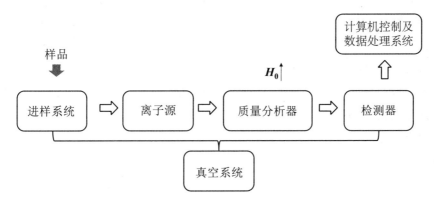

图2.17　质谱仪的基本结构及工作原理示意图

图2.18　GCMS-QP2010SE气相色谱–质谱联用仪

2.10.2　操作方法

1. 开机

（1）打开氦气（He），打开气相色谱仪电源，打开质谱仪电源，打开"GC-MS 实时分析软件"。

（2）点击"真空控制""自动启动"，开始抽真空。

2. 查漏

抽真空完成后，等待一段时间，开始检查仪器内部是否发生泄漏，步骤如下：将第三个区域下的 m/z 改成 69 PFTBA，然后打开灯丝，观察三个区域上方的"比例"项。若 m/z 18 和 m/z 69 项的比例均高于 m/z 28 的比例（m/z 69 要明显高于 m/z 18），则说明仪器不漏气，可以进行下一步操作。

3. 调谐

（1）单击"采集""下载初始参数"，气相色谱仪和质谱仪显示绿色"准备就绪"后开始调谐。

（2）调谐：点击"自动调谐"，调谐开始，调谐完后弹出调谐结果，点击"文件"。

（3）检查调谐结果：

① 点击"峰轮廓"，观察峰尖无分叉。

② 峰谷与峰谷基本水平。

③ 半峰宽（FWHM）在0.60左右，且最大值减去最小值≤0.1。

④ 电压绝对值＜50 V。

⑤ 检测器电压小于1.5 kV。

⑥ 低真空在10 Pa以内。

⑦ 点击"质谱"，观察 m/z 18 和 m/z 69 的峰均高于 m/z 28 的峰。

⑧ 与 m/z 219这个标准位置的峰值相差在0.1以内。

⑨ m/z 502处的峰的比例>2%。

满足以上要求则调谐通过,可进行下一步操作。

4. 测试

(1) 选择"调谐文件",点击"待机",开始采样。

(2) 批次处理:点击"批次处理",按照提示输入相关信息,然后点击"开始",进行采样。

5. 关机

关闭质谱仪,关闭气相色谱仪,最后关闭氦气。

2.10.3　注意事项

开机前请先检查氦气压力,主阀压力大于1 MPa(压力为2 MPa时要预备新的氦气,氦气纯度为99.999%),分阀压力保持在0.5~0.9 MPa范围。

2.11　CHI 660C电化学工作站

2.11.1　仪器介绍

电化学工作站可应用于有机电合成基础研究,电分析基础教学、电池材料研制、生物电化学(传感器)、阻抗测试、电极过程动力学研究,还可应用于材料、金属腐蚀、生物学、医学、药物学、环境生态学等多学科领域的研究。

CHI 660系列为通用电化学测量系统。内含快速数字信号发生器、高速数据采集系统、电位电流信号滤波器、多级信号增益、iR降补偿电路以及恒电位仪/恒电流仪,可直接用于超微电极上的稳态电流测量。图2.19为CHI 660C电化学工作站,其主要技术参数如下:

图2.19　CHI 660C电化学工作站

(1) 电位范围:±10 V。

(2) 电流范围:250 mA。

(3) 参比电极输入阻抗:1012 Ω。

（4）灵敏度：$1 \times 10^{-12} \sim 0.1$ A/V 共 12 挡量程。

（5）输入偏置电流：<50 pA。

（6）电流测量分辨率：<0.01 pA。

（7）循环伏安法（CV）的最小电位增量：0.1 mV。

（8）电位更新速率：5 MHz。

（9）IMP 频率：$0.00001 \sim 100$ kHz。

2.11.2　操作方法

（1）检查电化学工作站接地端是否正确接地。

（2）使用前先将电源线和电极连接：红夹线接辅助电极，绿夹线接工作电极，白夹线接参比电极。

（3）电源线和电极连接好后，将三电极系统插入电解池。

（4）打开工作站开关，检查电化学工作站同计算机的通信是否正常。

（5）双击桌面 CHI 快捷方式图标，打开 CHI 工作站控制界面。

（6）根据实验需要，在 CHI 电化学工作站上设置相应的参数。确认参数设置准确无误后，按主界面的"Start"按钮，进行实验。

（7）获得所需的实验数据后，按主界面左下方的"Stop"按钮，停止实验，保存好实验数据。

（8）退出计算机上运行的程序。关闭电化学工作站上的开关。填好相应的设备使用记录表和实验记录表。

2.11.3　注意事项

（1）开机前要检查电化学工作站的接地端是否正常接地。

（2）电极在反应池中放置的位置要正确，防止电极间短路。

（3）严禁在开机状态下插拔电化学工作站与计算机的数据连接线。

2.12　总有机碳分析仪

2.12.1　仪器介绍

总有机碳（TOC）分析仪是一种化学测试仪器，用于分析水、废水、食品等样品中的总有机碳含量。它基于光学原理和化学分析原理，采用紫外光将样品中的有机碳氧化为 CO_2，再利用红外光谱仪检测CO_2的含量,从而得到样品中有机碳的含量。

相较于传统的铁氰化法、重量法等有机碳测定方法,总有机碳分析仪具有检测速度快、准确度高、自动化程度高等优点,也更加环保、经济。它可用于分析不同类型的水样、食品、土壤等样品的总有机碳含量。

岛津TOC-L总有机碳分析仪进一步提高了催化氧化式实验室用TOC分析装置的性能和操作便利性(图2.20)。TOC-L总有机碳分析仪用于海水和小剂量样品的分析测定。另外,TOC-L总有机碳分析仪还进行了节省空间和节能设计,单机型号提供了多种数据输出方法。氧化原理是催化燃烧法或湿化学法。主机有计算机控制型,也有单机型。配件有自动进样器、八通进样器、总氮测定附件、固体样品测定附件、气体样品进样组件、POC组件、载气纯化组件等。岛津680 ℃固定温度铂金催化燃烧法,无需根据样品易氧化程度调节温度,保证了完全的氧化效率,大幅降低了样品中盐分对燃烧管、催化剂的腐蚀,提高了燃烧管、催化剂的寿命,为高盐分样品的测定提供了方案。主机进样部分采用八通道的注射泵,结构简单,功能丰富。通过此注射泵,可自动完成无机碳(IC)的预去除功能(NPOC法)。其主要技术参数如下:

(1) 测定范围:TC为0～25000 mg/L,IC为0～30000 mg/L。

(2) 检测限:4 μg/L。

(3) 测定时间:3～4 min。

(4) 进样方式:自动吸样。

(5) 进样量:10～2000 μL可变。

(6) IC预去除法:机内自动加酸并进行气体吹扫。

图2.20　岛津TOC-L总有机碳分析仪

2.12.2　操作方法

(1) 打开载气气源。确认供气压力在300～600 kPa范围。载气使用高纯氮气。

(2) 打开仪器左下方电源开关。

(3) 打开计算机。

（4）打开"TOC-Control"软件的主菜单。

（5）使用"New System"功能建立要使用的系统；若已经建立则跳过此步骤。

（6）从"TOC-Control"软件的主菜单中打开"Sample Table Editor"。

（7）联机点击"Connect"（预热时间约为20 min）。

（8）打开仪器前门，调整TC反应室载气压力，控制在200 kPa。调整TC反应室载气流速，控制在200 mL/min。

如果需要调节IC反应器吹扫气流，则按以下步骤进行：打开仪器前门，从样品表编辑器下，打开"维护"→"调吹扫气流速"（湿化学）。在弹出窗口中点击"开始"。旋转吹扫气调节旋钮，至流速为200 mL/min。调节后，点击"停止"键。点击"关闭"。

（9）若要做标准曲线，则先从"New"中选"Calibration Curve"建立标准曲线模板。若要做未知样品，则先从"New"中选"Method"，建立方法模板（也可以不在此建立，从"Insert"插入"Sample"，然后使用其他标准曲线的参数设置或手动设置）。若要做控制样品，则先从"New"中选"Control Sample Template"，建立控制样品模板。若已经建立好所需模板，则跳过此步骤。

（10）打开新的样品表。从"New"中选"Sample Run"，建立新的样品表。软件自动给出新的样品表名称。

（11）根据测定需要，从"Insert"中插入"Calibration Curve""Sample"或者"Control"，分别对应测定标准曲线、未知样品或者控制样品。

（12）软件联机。

（13）仪器稳定后，即"Background Monitor"中各项目显示绿色后，点击"Start"，开始测定。

（14）从"View"中选择"Sample Window"，可实时看到样品出峰情况。

（15）实验结束。结果自动保存。

（16）反应室内自动降温，30 min后仪器电源自动关闭。

2.12.3　注意事项

（1）样品准备：如果检测的水样含有不溶性微粒，则要使用过滤器，过滤器的滤膜孔径应≤60 μm。

（2）进样要求：进样管运行时应没入液面以下，管口置于靠近容器底部约1/3溶液高度处，要保证检测过程中不会进空气，停机状态也应让管路浸在纯水中。若长期不使用仪器，则将进样管用封口膜封住，防止污染。

（3）操作环境：操作空间要求清洁、干燥、通风良好。仪器应放置在一个稳定的平面上，避免阳光直射和高温。一般要求环境温度为10~20 ℃，湿度小于60%。

第3章　光谱分析法实验

3.1　工业废气颗粒物中铅、镉离子的测定
——电感耦合等离子体发射光谱法

【目的和要求】

(1) 了解电感耦合等离子体发射光谱仪的结构。

(2) 学会用微波消解法预处理大气颗粒物样品。

(3) 学会用电感耦合等离子体发射光谱法测定样品中的金属元素。

【实验原理】

1. 工业废气颗粒物中铅、镉的危害

工业废气中的铅和镉等重金属对环境和人体健康都有严重危害。这些重金属可以随着废气的排放进入大气,被人体吸入,从而对健康产生影响。例如,铅可以通过呼吸道进入人体,影响神经、血液、心血管、肾脏等系统,对人体产生毒害。镉则可能通过呼吸道进入肺部,对肾脏、神经系统等产生毒害。长期接触这些重金属还可能引起贫血、肾损伤、神经系统失调、致癌等问题。

2. 测定原理

采集到的合适滤材上的空气和废气颗粒物样品经微波消解或电热板消解后,用电感耦合等离子体发射光谱法测定其中铅和镉的含量。

消解后的试样进入等离子体发射光谱仪的雾化器中被雾化,由氩气带入等离子体焰炬中,铅和镉在等离子体焰炬中被气化、电离、激发并发射出特征谱线。在一定浓度范围内,其特征谱线强度与元素浓度成正比。

3. 电感耦合等离子体光源主要部件结构和原理

电感耦合等离子体光源由高频发生器和感应线圈、炬管和供气系统、雾化系统三部分组成,如图3.1所示。高频发生器产生高频电流,通过高频加热效应给等离子工作气体(通常为氩气)提供能量。感应线圈一般是由圆形或方形铜管绕制的2~5匝水冷线圈。炬管为三层同心石英管组成三个通道,每个通道都通入氩气,但三个通道中氩气的作用不同。最外层通

道通入的氩气作为冷却气体,目的是使等离子体离开外层石英炬管内壁,以避免烧毁石英管。采用切向进气的目的是利用离心作用在炬管中心产生低气压通道,以利于进样。中层石英管出口做成喇叭形,通入的氩气经点燃形成等离子体,并维持等离子体。内层石英管内径为1~2 mm,作为载气的氩气携带试样气溶胶由内管注入等离子体内。试样气溶胶由雾化器产生。氩气为单原子稀有气体,自身光谱简单,作为工作气体不会与试样组分形成难电离的稳定化合物,也不会像分子那样因电离而消耗能量,因而具有很好的激发性能,适用于大多数元素分析,且具有很高的分析灵敏度。

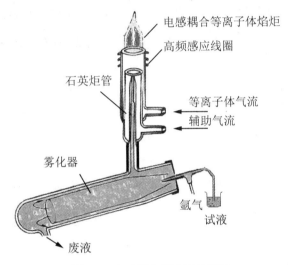

图3.1 电感耦合等离子体光源

电感耦合等离子体焰炬实际上是电感耦合等离子体放电现象,其形成原理如图3.2所示。首先通入等离子体工作气体(氩气),接通高频发生器电源后,产生5~65 MHz高频振荡电流,在感应线圈周围形成交变的磁场(1号线区域),其磁力线在管内为轴向,在感应线圈外是椭圆形闭合回路。等离子体工作气体氩气最初并不被电离。当用高频火花引燃时,部分氩气被电离,产生的电子和氩离子在高频电磁场中被加速,它们与中性原子碰撞,使更多的工作气体电离,这样便形成等离子体气体。导电的等离子体气体在磁场作用下,形成环形感应区,并感生出涡流电流(2号线区域)。这种电流电阻很小,电流很大(数百安),产生大量的热能又将等离子体加热,使等离子体的温度可达10000 K,在石英炬管口形成火炬状的等离子体放电。由于等离子体环形感应区与感应线圈是同心的,便形成一个如同变压器的耦合器,高频电能通过感应线圈不断地耦合成稳定的电感耦合等离子体焰炬。当雾化系统产生的气溶胶被载气导入电感耦合等离子体焰炬中时,试样被蒸发、解离、电离和激发,产生原子发射光谱。

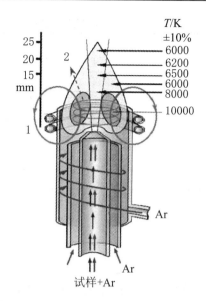

图 3.2　电感耦合等离子体焰炬结构及等离子体产生系统

【仪器和试剂】

1. 仪器

ICP-3000 电感耦合等离子体发射光谱仪、微波消解仪(消解容器为 PFA Teflon 或同级材质)、颗粒物采样器(采样流量为 5～80 L/min)。

2. 试剂

(1) 硝酸:$\rho(HNO_3)=1.42$ g/mL。

(2) 盐酸:$\rho(HCl)=1.19$ g/mL。

(3) 硝酸-盐酸混合消解液:于约 500 mL 水中加入 55.5 mL 硝酸(1)及 167.5 mL 盐酸(2),用水稀释并定容至 1 L。

(4) (1+1)硝酸溶液。

(5) 1 mol/L 硝酸溶液。

(6) Cd 标准储备液:100 μg/mL;Pb 标准储备液:100 μg/mL。

(7) 超纯水。

(8) 混合标准溶液:

混合标准溶液(10.0 μg/mL):分别移取 Cd、Pb 标准储备液各 5.00 mL 并置于 50 mL 容量瓶中,再移入 2.00 mL(1+1)硝酸溶液,用水稀释至标线后,混匀。

混合标准溶液(1.00 μg/mL):移取上述混合标准溶液 5.00 mL 并置于 50 mL 容量瓶中,再移入 2.00 mL(1+1)硝酸溶液,用水稀释至标线后,混匀。

标准系列溶液的配制:按表 3.1 配制混合标准系列溶液。

表3.1　标准系列溶液配制

编号	混合标准溶液(1.00 μg/mL)体积/mL	(1+1)硝酸溶液/mL	溶液总体积/mL	Cd、Pb浓度/(μg/mL)
空白	0	2.00	50.00	—
1	1.00	2.00	50.00	0.02
2	3.00	2.00	50.00	0.06
3	5.00	2.00	50.00	0.10
4	7.00	2.00	50.00	0.14
5	9.00	2.00	50.00	0.18

【实验步骤】

1. 样品采集与保存

按照HJ 664的要求设置环境空气采样点位。采集滤膜样品时,使用中流量采样器,至少采集10 m³(标准状态)。当金属浓度较低或采集PM_{10}($PM_{2.5}$)样品时,可适当增加采样体积,采样时应详细记录采样环境和条件。无组织排放大气颗粒物样品的采集,按照HJ/T 55中有关要求设置监测点位,其他要求同环境空气样品采集。污染源废气样品采样过程按照GB/T 16157中颗粒物采样的要求执行。使用烟尘采样器采集滤筒样品时,至少采集0.600 m³(标准状态干烟气)。当重金属浓度较低时可适当增加采样体积。如果管道内烟气温度高于需采集的相关金属元素熔点,应采取降温措施,使进入滤筒前的烟气温度低于相关金属元素的熔点。

滤膜样品采集后将有尘面两次向内对折,放入样品盒或纸袋中保存;滤筒样品采集后将封口向内折叠,竖直放回原采样套筒中密闭保存。样品在干燥、通风、避光、室温环境下保存。

2. 微波消解

取适量滤膜或滤筒样品,用陶瓷剪刀剪成小块并置于微波消解容器中,加入20.0 mL硝酸-盐酸混合消解液,使滤膜(滤筒)碎片浸没其中,加盖,置于消解罐组件中并旋紧,放到微波转盘架上。设定消解温度为200 ℃,消解持续时间为15 min。消解结束后,取出消解罐组件,冷却,以水淋洗微波消解容器内壁,加入约10 mL水,静置0.5 h进行浸提。将浸提液过滤到100 mL容量瓶中,用水定容至标线,待测。

取与样品相同批号、相同面积的空白滤膜或滤筒,按与制备试样相同的步骤制备实验室空白试样。

3. 仪器参数设置

(1) 高频功率:1.4 kW。

(2) 等离子体气流量:15 L/min。

(3) 辅助气流量:0.22 L/min。

(4) 载气流量:0.55 L/min。

（5）进样量：1.0 mL/min。

（6）观测距离：15 mm。

（7）测定波长：Cd 为 228.8 nm，Pb 为 283.3 nm。

4. 测试

（1）按照 ICP-3000 电感耦合等离子体发射光谱仪的基本操作步骤完成准备工作，开机及点燃电感耦合等离子体焰炬。进行单色仪波长校正，然后输入工作参数。

（2）按单元素定量分析程序，输入分析元素、分析线波长及最佳工作条件等。

（3）喷入标准溶液，进行预标准化。

（4）进行标准化，绘制标准曲线。

（5）待测试液进样，采集测试数据。根据试样数据，进行计算机自动结果处理。打印测定结果。

（6）按照关机程序，退出分析程序，进入主菜单，关闭蠕动泵、气路，关闭电感耦合等离子体发射光谱仪电源及计算机系统，最后关闭冷却水。

【数据处理】

颗粒物中金属元素的浓度按以下公式计算：

$$\rho = (c - c_0) \times V_s \times \frac{n}{V_{std}}$$

式中，ρ 为颗粒物中金属元素的浓度，$\mu g/m^3$；c 为试样中金属元素浓度，$\mu g/mL$；c_0 为空白试样中金属元素浓度，$\mu g/mL$；V_s 为试样或试样消解后定容体积，mL；n 为滤膜切割的份数（即采样滤膜面积与消解时截取的面积之比，对于滤筒 $n = 1$）。V_{std} 为标准状态下（273 K，101.325 kPa）的采样体积，m^3；对于污染源废气样品，V_{std} 为标准状态下干烟气的采样体积，m^3。

【注意事项】

（1）铅、镉金属元素有毒性，实验过程中应做好安全防护工作。

（2）测试完毕后，进样系统用去离子水喷洗 3 min，再关机，以免试样沉积在雾化器口和石英炬管口。

（3）先降高压、熄灭电感耦合等离子体焰炬，再关冷却气、冷却水。

（4）等离子体会发射很强的紫外光，易伤眼睛，观察时注意安全。

【思考题】

（1）电感耦合等离子体光源炬管通入的辅助气、载气和等离子体气都是什么气体？每股气体的作用是什么？

（2）电感耦合等离子体结合微波消解技术的优点有哪些？

3.2　电感耦合等离子体发射光谱法测定 工业废水中铬、锰、铁、镍、铜

【目的和要求】

(1) 熟悉电感耦合等离子体发射光谱仪的构造及工作原理。

(2) 了解电感耦合等离子体发射光谱仪的基本操作。

(3) 了解实际样品的预处理方法及电感耦合等离子体发射光谱法在多元素同时测定中的应用。

【实验原理】

电感耦合等离子体光源利用高频感应加热原理,使流经石英炬管的工作气体(氩气)电离而产生具有环状结构的高温火焰状等离子体焰炬。当试液经过蠕动泵进入雾化器后,被雾化的试液以气溶胶的形式进入到等离子体焰炬的环形通道中,其在高温作用下被蒸发、原子化并发射出相应的元素特征谱线。电感耦合等离子体光源激发能力强、稳定性好、基体效应小、检出限低,且无自吸效应,线性范围可达几个数量级,是目前性能最好、应用最广泛的原子发射激发光源。

电感耦合等离子体光源中试液原子发射的各种波长谱线经分光系统进入检测器被检测,可根据试液被激发后是否产生某元素的特征波长谱线进行定性分析;在一定浓度范围及一定工作条件下(如电感耦合等离子体光源的入射功率、观测高度、载气流量等),发射谱线强度与试液中待测元素含量成正比,即 $I=kc$,据此可进行定量分析。本实验即是采用这种仪器测定工业废水中铬、锰、铁、镍、铜等重金属元素。

【仪器和试剂】

1. 仪器

ICP-3000电感耦合等离子体发射光谱仪。

2. 试剂

(1) 1%稀盐酸溶液。

(2) 超纯水。

(3) 待测水样:采集的废水试样中若有悬浮物,则经0.45 μm滤膜过滤后方可进行测定。

(4) 铬、锰、铁、镍、铜标准储备液:均为1.0 mg/mL(国家标准物质中心)。

(5) 铬、锰、铁、镍、铜标准使用液(100.0 μg/mL):吸取金属标准储备液10 mL并置于100 mL容量瓶中,用1%盐酸溶液稀释至标线,混匀备用。

（6）铬、锰、铁、镍、铜混合标准溶液：由金属元素使用液用1‰稀盐酸溶液逐级稀释配制，具体浓度见表3.2。

表3.2 待测元素混合标准溶液配制

编号	金属元素使用液（100.0 μg/mL）体积/mL	溶液总体积/mL	铬、锰、铁、镍、铜浓度/(μg/mL)
空白	0	100.00	—
1	0.50	100.00	0.50
2	1.00	100.00	1.00
3	5.00	100.00	5.00
4	10.00	100.00	10.00
5	15.00	100.00	15.00

【实验步骤】

1. 仪器参数设置

（1）高频功率：1.0 kW。

（2）等离子体气流量：14 L/min。

（3）辅助气流量：0.5 L/min。

（4）载气流量：0.55 L/min。

（5）进样量：1.0 mL/min。

（6）观测距离：15 mm。

（7）测定波长：Cr为206.149 nm，Mn为257.610 nm，Fe为238.204 nm，Ni为221.648 nm，Cu为324.754 nm。

2. 测试

（1）按照ICP-3000电感耦合等离子体发射光谱仪的基本操作步骤完成准备工作，开机及点燃电感耦合等离子体焰炬。进行单色仪波长校正，然后输入工作参数。

（2）按单元素定量分析程序，输入分析元素、分析线波长及最佳工作条件等。

（3）喷入标准溶液，进行预标准化。

（4）进行标准化，绘制标准曲线。

（5）待测试液进样，采集测试数据。根据试样数据，进行计算机自动结果处理。打印测定结果。

（6）按照关机程序，退出分析程序，进入主菜单，关闭蠕动泵、气路，关闭电感耦合等离子体发射光谱仪电源及计算机系统，最后关闭冷却水。

【数据处理】

应用ICP软件制作金属元素的工作曲线。应用软件计算试样溶液和空白溶液中铬、锰、铁、镍、铜的浓度。扣除其空白值,计算试样中铬、锰、铁、镍、铜的含量。

【思考题】

(1) 电感耦合等离子体发射光谱法定量分析的依据是什么?

(2) 如果废水样品中有机杂质多,则要进行怎样的预处理?

3.3　火焰原子吸收分光光度法测定废水中的铜离子

【目的和要求】

(1) 掌握火焰原子吸收分光光度计的工作原理和使用方法。

(2) 掌握用火焰原子吸收分光光度法测定铜离子的原理和方法。

【实验原理】

火焰原子吸收分光光度计利用的是基态原子对特征波长光吸收的原理。通常,可采用空心阴极灯作为光源发射出某一元素特征波长的光,当此光通过包含基态原子的样品时,将被部分吸收,吸收的程度取决于原子的浓度,这样便可根据光的吸收程度计算出样品的原子浓度。

当光强度为I_0的光通过被测元素原子浓度为c的溶液时,光强度减弱至I,则溶液对光的吸收程度(吸光度A)与被测元素原子浓度(c)的关系为

$$A = \lg(I_0/I) = Kc$$

铜是原子吸收光谱分析中经常和最容易测定的元素,在空气-乙炔火焰(贫焰)中进行,测定干扰很少。测定时以铜标准系列溶液的浓度为横坐标,以其对应的吸光度为纵坐标,绘制一条标准曲线,在相同的条件下测得试样溶液的吸光度即可求出试样溶液中铜的浓度,进而可以计算试样中铜的含量。对于不同的样品可采用不同的预处理方法,如对于牛奶等含有机物的试样要先进行消化,废水试样一般可直接测定。图3.3是火焰原子吸收分光光度法示意图。

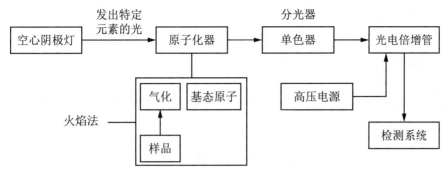

图3.3　火焰原子吸收分光光度法示意图

【仪器和试剂】

1. 仪器

GGX-910火焰原子吸收分光光度计、铜空心阴极灯。

2. 试剂

（1）硝酸：优级纯。

（2）高氯酸：优级纯。

（3）铜标准溶液：

铜标准储备液（1 mg/mL）：准确称量0.3930 g硫酸铜（$CuSO_4\cdot5H_2O$）并置于100 mL烧杯中，加适量去离子水溶解，移入100 mL容量瓶中，加水稀释至标线，混匀，备用。

铜标准溶液（50 μg/mL）：移取铜标准储备液5.00 mL并置于100 mL容量瓶中，加水稀释至标线，混匀，备用。

铜标准系列溶液：分别移取铜标准溶液0 mL、0.50 mL、1.00 mL、2.00 mL、3.00 mL、4.00 mL、5.00 mL并置于7个50 mL的容量瓶中，都用水稀释至标线，混匀。此标准系列溶液铜浓度分别为0 μg/mL、0.50 μg/mL、1.00 μg/mL、2.00 μg/mL、3.00 μg/mL、4.00 μg/mL、5.00 μg/mL。

【实验步骤】

1. 样品预处理

取100 mL水样并放入200 mL烧杯中，加入5 mL硝酸，在电热板上加热消解（禁止沸腾）。消解至剩余10 mL左右，加入5 mL硝酸和2 mL高氯酸继续消解至剩余1 mL左右，若消解不完全，继续加入5 mL硝酸和2 mL高氯酸，再次消解至剩余1 mL左右。取下冷却，加水溶解（如果仍有残渣则要过滤），用水定容至100 mL。

2. 测试吸光度

开启火焰原子吸收分光光度计，按基础操作流程设置好测试条件。按照由稀至浓的顺序分别吸入铜标准系列溶液，记录其在324.7 nm处的吸光度。待蒸馏水洗涤后吸入样品溶液,同样记录其在 324.7 nm 处的吸光度。

【数据处理】

根据测得的标准系列溶液的吸光度绘制标准曲线,根据样品的吸光度从标准曲线上查出样品中铜的含量。则水样中

$$铜含量 = \frac{m}{V} \quad (mg/L)$$

式中,m 为从标准曲线得出的铜的质量,μg;V 为分析用的水样体积,mL。

【注意事项】

(1)实验室严禁烟火,防止乙炔着火爆炸。

(2)点燃火焰时,应先开空气,后开乙炔,熄灭火焰时,则应先关乙炔,后关空气,防止回火、爆炸事故的发生。

【思考题】

(1)火焰原子吸收分光光度计为何要使用空心阴极灯? 其工作原理是什么?

(2)简述火焰原子化器的工作原理。

3.4 火焰原子吸收分光光度法测定自来水中的钙、镁含量

【目的和要求】

(1)学习环境水样中钙、镁离子的测定方法。

(2)了解原子吸收分光光度计的主要结构及工作原理。

(3)学习火焰原子吸收分光光度法操作条件选择和化学干扰消除的方法。

【实验原理】

自来水中含有钙、镁离子是水垢形成的主要原因。水垢是由钙和镁的碳酸盐、硫酸盐和氯化物等化合物组成的。当自来水中的硬度成分超过一定的浓度时,这些离子会在加热蒸发过程中结晶形成水垢。形成的水垢会对水管、水壶、热水器等设备造成严重的影响,降低其使用寿命和效率。

如果水中钙、镁离子浓度过高,人长期饮用会产生肾结石。在烧开自来水的过程中,部

分钙、镁离子会沉淀形成水垢,自来水的硬度也会下降。因此,只要身体代谢正常,喝烧开的自来水,除了口感差点,没有太大的健康风险。

自来水中钙和镁的测定:通常用滤膜滤除不溶物后,将样品直接引入火焰原子吸收分光光度计的空气-乙炔火焰中,经喷雾、浓缩、干燥、熔融、气化、解离等原子化过程,产生被测元素的气态原子蒸气。利用基态原子对空心阴极灯发出的特征光的吸收进行定量分析。

水样中常见的阴离子磷酸根(PO_4^{3-})易与钙、镁离子在原子化过程中形成不易解离的磷酸盐,降低了钙、镁的原子化效率,对测定产生较大干扰。加入较大量的氯化锶($SrCl_2$)后,Sr^{2+}与PO_4^{3-}形成了热稳定性更高的$Sr_3(PO_4)_2$,可有效地抑制磷酸根对钙、镁测定的干扰。

【仪器和试剂】

1. 仪器

GGX-910火焰原子吸收分光光度计、钙和镁空心阴极灯。

2. 试剂

(1) 去离子水。

(2) (1+1)盐酸溶液。

(3) 钙标准使用液(100 μg/mL):称取105~110 ℃干燥至恒重的高纯碳酸钙($CaCO_3$)2.4972 g并置于300 mL烧杯中,加水20 mL,沿杯壁滴加(1+1)盐酸溶液至完全溶解后,再过量10 mL,盖上表面皿,煮沸除去二氧化碳,冷却后定量转移至1000 mL容量瓶中,定容。得到含钙量为1000 μg/mL的标准储备液,再稀释成100 μg/mL的标准使用液。

(4) 镁标准使用液(100 μg/mL):称取1.0000 g金属镁,加水20 mL,缓慢加入40 mL(1+1)盐酸溶液,待镁完全溶解后加热煮沸,冷却,转移至1000 mL容量瓶中定容。得到含镁量为1000 μg/mL的标准储备液,再稀释成10 μg/mL的标准使用液。

(5) 氯化锶溶液(5%):称取氯化锶($SrCl_2 \cdot 6H_2O$)15 g并置于400 mL烧杯中,加水至300 mL溶解,过滤至试剂瓶中备用。

(6) 混合标准溶液:按表3.3配制。

表3.3　待测元素混合标准溶液配制

编号	钙标准使用液体积/mL	镁标准使用液体积/mL	5%氯化锶溶液体积/mL
空白	0	0	10
1	0.50	0.50	10
2	1.00	1.00	10
3	3.00	3.00	10
4	5.00	5.00	10
5	7.00	7.00	10
6	9.00	9.00	10

【实验步骤】

1. 设置测量参数

初始测量条件如下:Ca灯电流为2 mA,Mg灯电流为2 mA,燃烧器高度为6 mm,乙炔流量为1.5 L/min,空气压力为0.3 MPa,钙离子测定波长为422.7 nm,镁离子测定波长为285.2 nm。

2. 测定标准曲线

以空白试剂作参比,测量表3.3中各溶液的吸光度。以浓度c对吸光度A作图,得到标准曲线,得出标准曲线方程和相关系数。

3. 测试样品预处理

(1)将自来水水样用0.45 μm滤膜过滤后用烧杯收集,以去除少量悬浮物和沉降物。

(2)用移液管准确吸移10.00 mL水样滤液并放入100 mL容量瓶中,加入10 mL 5%的氯化锶溶液,以去离子水定容。

(3)在标准曲线的测量条件下,测定水样的吸光度。

【数据处理】

由被测水样的吸光度和标准曲线方程计算待测元素的浓度。被测水样中待测元素的浓度乘以稀释倍数即为原环境自来水中钙或镁的浓度。

【注意事项】

(1)酸度对钙、镁测定的灵敏度有一定的影响,在配制混合标准溶液及样品溶液时,要保持其酸度一致。

(2)水样中的钙、镁含量较大时,应将其稀释至合适的浓度。

【思考题】

(1)火焰原子吸收分光光度法的主要特点和测定对象是什么?

(2)钙和镁的测定中为何要加入氯化锶溶液?

3.5　火焰原子吸收分光光度法测定土壤中锌的含量

【目的和要求】

（1）掌握土壤样品的消解方法。

（2）掌握火焰原子吸收分光光度计的使用方法。

【实验原理】

　　锌是一种有益元素，但土壤中的锌含量过高可能会对植物和动物产生危害。锌在土壤中富集，也会使植物体中富集锌从而导致食用这种植物的人和动物受害。用含锌污水灌溉农田对农作物特别是小麦影响较大，会造成小麦出苗不齐，分蘖少，植株矮小、叶片萎黄。过量的锌还会使土壤失去活性，细菌数目减少，土壤中的微生物作用减弱。

　　火焰原子吸收分光光度法是根据元素的基态原子对该元素的特征谱线产生选择性吸收来进行测定的分析方法。将试样充分雾化后喷入火焰，锌元素的化合物在火焰中形成原子蒸气，由锌空心阴极灯发射的特征谱线通过原子蒸气层时，锌元素的基态原子对特征谱线产生选择性吸收。在一定条件下，特征谱线光强的变化与试样中被测元素的浓度成比例。测量基态原子对特征谱线的吸光度，就可以确定试样中该元素的浓度。

　　火焰原子吸收分光光度法测定土壤中的金属元素往往会有其他杂质的干扰，特别是有机组分影响较大。湿法消解使用强氧化性酸（如 HNO_3、H_2SO_4、$HClO_4$ 等）与有机化合物溶液加热煮沸，使有机化合物分解除去。本实验采用硝酸-盐酸混合酸体系进行土壤样品的湿法消解。

【仪器和试剂】

1. 仪器

GGX-910火焰原子吸收分光光度计、锌空心阴极灯。

2. 试剂

（1）去离子水。

（2）盐酸：优级纯。

（3）硝酸：优级纯。

（4）高氯酸：分析纯。

（5）锌标准使用液（100 mg/L）：准确称取 0.1000 g 金属锌（99.9%），用 20 mL（1+1）盐酸溶液溶解，移入 1000 mL 容量瓶中定容。

(6) 锌标准溶液:取6个50 mL容量瓶,分别加入5滴(1+1)盐酸溶液,依次加入0 mL、0.10 mL、0.40 mL、0.80 mL、1.00 mL、1.50 mL的锌标准使用液,用去离子水定容,混匀,配成含0 mg/L、0.20 mg/L、0.80 mg/L、1.60 mg/L、2.00 mg/L、3.00 mg/L的锌标准溶液。

【实验步骤】

1. 土壤样品的消解

准确称取两份1.000 g土样并置于100 mL烧杯中,用少量去离子水润湿,缓慢加入5 mL王水(硝酸与盐酸体积比=1:3),盖上表面皿。同时做一空白试剂。把烧杯放在通风橱内的电炉上加热,慢慢提高温度,并保持微沸状态,使其充分分解。注意消解温度不宜过高,防止样品外溅。当激烈反应完毕,大部分有机物分解后,取下烧杯冷却,沿烧杯壁加入2~4 mL高氯酸;继续加热分解直至冒白烟,样品变为灰白色,打开表面皿释放过量的高氯酸,把样品蒸至近干;取下冷却,加入5 mL 1%的稀硝酸溶液加热,冷却后用中速定量滤纸过滤到25 mL容量瓶中。滤渣用1%稀硝酸洗涤,最后定容,混匀待测。

2. 设置测量参数

初始测量条件如下:锌灯电流为4 mA,乙炔流量为1.5 L/min,空气压力为0.3 MPa,锌离子测定波长为213.9 nm。

3. 测定标准曲线

在预设条件下,从低浓度到高浓度依次测量标准溶液吸光度,绘制标准曲线。

4. 测试消解样

在与标准溶液相同的条件下,将消解液直接喷入空气-乙炔火焰中,测定吸光度。

【数据处理】

根据所测得的吸光度(如空白试剂有吸收,则应扣除)和标准曲线,得到相应的浓度C(mg/mL),则试样中

$$锌的含量 = \frac{C \times V}{m} \times 1000 \quad (mg/kg)$$

式中,C为由标准曲线得到的相应浓度,mg/mL;V为定容体积,mL;m为试样质量,g。

【注意事项】

(1) 土壤消解终点应为样品变为灰白色,如未达到则应补加少量高氯酸,继续消解。

(2) 要严格按照先硝酸消解,再加高氯酸消解的顺序,防止高氯酸遇到大量有机物后形成高氯酸酯而引起爆炸。

【思考题】

不同土壤样品消解方法有什么不同？分别在什么情况下使用？

3.6　石墨炉原子吸收分光光度法测定水中钴的含量

【目的和要求】

(1) 了解石墨炉原子化器的工作原理,掌握石墨炉原子吸收分光光度计的操作方法。

(2) 掌握石墨炉原子吸收分光光度法测定水中钴含量的方法。

【实验原理】

石墨炉原子化器是应用最广泛的非火焰原子化器,属于电热原子化器。其原理是利用大电流通过高阻值的石墨管,以产生 $2000\sim3000$ ℃的高温,使置于石墨管中的少量试液或固体试样蒸发和原子化。常采用升温程序升温,加热过程分为干燥、灰化、原子化、净化除残四个步骤。

钴具有一定的放射性,皮肤在接触后会产生一定的刺激,容易引起皮肤溃疡、疼痛、瘙痒以及红斑的症状;长期摄入钴可能对肺部和咽喉造成一定的危害,容易引起钴中毒,出现呼吸困难、咳嗽、胸痛等呼吸道症状,严重时可能导致缺氧、昏迷,甚至死亡。

钴离子在自然水环境中的含量较少,因此用石墨炉原子化器更合适。本实验将含钴水样注入石墨炉原子化器,钴离子在石墨管内经原子化高温蒸发解离为原子蒸气,其基态原子吸收钴空心阴极灯发射的 240.8 nm 的光,其吸收强度在一定范围内与钴含量成正比,根据测定的吸光度与标准曲线定量。

【仪器和试剂】

1. 仪器

GGX-920石墨炉原子吸收分光光度计、钴空心阴极灯。

2. 试剂

(1) 去离子水。

(2) 硝酸:优级纯。

(3) 钴标准储备液:1000 μg/mL。

(4) 钴标准使用液:0.10 μg/mL。

（5）钴标准溶液：用0.2％硝酸配制成钴浓度为0 μg/mL、0.50 μg/mL、1.00 μg/mL、2.00 μg/mL、5.00 μg/mL、10.00 μg/mL的标准溶液。

【实验步骤】

1. 设置测量参数

灯电流为10 mA，狭缝为0.4 nm。石墨炉升温程序：干燥温度为80～120 ℃，30 s；灰化温度为600 ℃，20 s；原子化温度为2600 ℃，5 s；净化除残温度为2800 ℃，4 s。氩气流量为0.2 L/min。进样体积为20 μL。

2. 测定标准曲线

在预设参数条件下，从低浓度到高浓度依次测量标准溶液吸光度，绘制标准曲线。

3. 测试水样

当水中钴含量大于0.2 μg/mL时，可直接取加酸保存的水样测定吸光度，并从标准曲线中求得水样中钴的含量。当水中钴含量小于0.2 μg/mL时，取100 mL水样，加0.2 mL 10％的硝酸，置于电热板上加热浓缩至10 mL，测定吸光度。

【数据处理】

根据水样中钴的吸光度和标准曲线得出钴的含量，计算原始水样中钴的离子浓度。

【注意事项】

（1）石墨炉原子化器处于原子化阶段时停止氩气供应。
（2）石墨炉原子化器的工作温度和时间要严格控制，避免阶段效果不达标。

【思考题】

（1）石墨炉原子吸收分光光度计由哪几部分组成？
（2）石墨炉原子吸收分光光度计的干燥、灰化、原子化的温度和时间对测定有何影响？如何正确选择这些工作条件？

3.7　紫外–可见分光光度法测定苯酚的标准曲线

【目的和要求】

（1）了解紫外-可见分光光度计的结构、工作原理和操作方法。

（2）进一步掌握标准曲线法。

【实验原理】

紫外-可见分光光度法是一种在190~800 nm波长范围内测定物质吸光度的方法,主要用于鉴别、杂质检查和定量测定。当光穿过被测物质溶液时,物质对光的吸收程度随光的波长不同而变化。测定物质在不同波长处的吸光度,并绘制其吸光度与波长的关系图,即可得到被测物质的吸收光谱。

物质对光的吸收遵循比尔定律,当一定浓度的光通过某物质时,入射光强度I_0与透射光I之比的对数与该物质的浓度c及液层厚度b成正比。其数学表达式为

$$A=\lg(I_0/I)=\varepsilon bc$$

式中,A为吸光度;ε为摩尔吸光系数;b为液层厚度,cm;c为被测物质的浓度,mol/L。

摩尔吸光系数ε在特定波长和溶剂情况下,是物质的一个特征常数。在数值上等于单位物质的量浓度在单位光程中所测得的浓度的吸光度。它是物质吸光能力的量度,可作为定性分析的参数。比尔定律是紫外-可见分光光度法定量分析的依据,当比色皿及入射光强度一定时,吸光度正比于被测物质的浓度。

酚是水中的重要污染物,会影响水生生物的正常生长,使水产品发臭。水中酚含量超过0.3 mg/L时,可引起鱼类的回避。在碱性条件和氧化剂铁氰化钾作用下,酚类与4-氨基安替比林反应,生成橘红色的吲哚酚安替比林染料,该染料在510 nm处有最大吸收。该方法可测定苯酚及邻、间位取代的酚,但不能测定对位取代的酚。样品中各种酚的相对含量不同,因而不能提供一个含混合酚的通用标准。通常选用苯酚作为标准,其他酚在反应中产生的颜色都看作苯酚的结果。取代酚一般会降低响应值,因此用该方法测出的值仅代表水样中挥发酚的最低浓度。

【仪器和试剂】

1. 仪器

UV-3600紫外-可见分光光度计、10 mm石英比色皿。

2. 试剂

（1）去离子水。

（2）苯酚标准储备液：称取 1.00 g 无色苯酚并溶于水中，移入 1000 mL 容量瓶中，稀释至标线。置于 4 ℃冰箱内保存，可稳定 1 个月。

（3）苯酚标准中间液：取适量苯酚储备液，用水稀释至浓度为 0.1 g/L。

（4）缓冲溶液：称取 20 g 氯化铵（NH_4Cl）并溶于 100 mL 氨水中，调节 pH 为 9。

（5）4-氨基安替比林溶液：称取 2 g 4-氨基安替比林并溶于水中，稀释至 100 mL，存于棕色瓶中，在冰箱中可以保存 1 周。

（6）铁氰化钾溶液：称取 8 g 铁氰化钾并溶于 100 mL 水中，可保存 1 周。

（7）苯酚标准溶液：于 50 mL 比色管中分别加入 0 mL、0.25 mL、0.50 mL、1.00 mL、2.00 mL、3.00 mL 苯酚标准中间液，加去离子水至中线（25 mL），再加入 0.5 mL 缓冲溶液，混匀。然后加入 1.0 mL 4-氨基安替比林溶液，混匀，加入 1.0 mL 铁氰化钾溶液，充分混匀。最后用去离子水定容至 50 mL，放置 15 min。

【实验步骤】

（1）按操作步骤设置波长间隔 1 nm、波长范围 200~800 nm 等。

（2）测试标准溶液吸光度：① 以空白试剂作参比，扫描标准系列样品，找出最大吸收波长；② 在最大吸收波长下，从低浓度到高浓度依次测量标准溶液吸光度。

【数据处理】

（1）从软件中导出 200~800 nm 扫描的全波段吸收光谱图，找出最大吸光度下对应的吸收波长，即为最大吸收波长。

（2）根据最大吸收波长下测定的苯酚标准溶液吸光度结果，以苯酚含量为横坐标，吸光度为纵坐标，绘制标准曲线。

【注意事项】

（1）苯酚有刺鼻性气味，取用时应戴手套和口罩。

（2）紫外-可见分光光度计开机应充分预热，测定前如未自动调零应手动调零。

【思考题】

（1）紫外-可见分光光度计的主要组成部件有哪些？

（2）原子吸收分光光度计和紫外-可见分光光度计在结构上有何区别？

3.8　紫外-可见分光光度法测定工业废水中的铬

【目的和要求】

（1）学会废水中不同价态铬的测定方法。

（2）了解紫外-可见分光光度法测定金属元素络合显色机理。

【实验原理】

工业废水中的铬来自于铬及其化合物的生产、使用和处理的各个环节,如冶金、化工、矿物工程、电镀、颜料、制药、轻工纺织等。根据铬的化合价差异,主要分为二价铬(如CrO)、三价铬(如Cr_2O_3)和六价铬(如CrO_3)。其中六价铬具有较高的毒性,被视为吞入性毒物和吸入性极毒物。六价铬可能通过消化、呼吸道、皮肤及黏膜侵入人体,导致产生喉咙沙哑、鼻黏膜萎缩等症状,严重时还可能引发鼻中隔穿孔和支气管扩张等。

二苯碳酰二肼在酸性介质中可与六价铬作用,反应生成紫红色配合物,吸收峰在542 nm处,可用紫外-可见分光光度法进行六价铬含量的测定。

对于混合水样,将水样中的三价铬先用高锰酸钾氧化成六价铬,过量的高锰酸钾再用亚硝酸钠分解,最后用尿素再分解过量的亚硝酸钠,经处理后加入二苯碳酰二肼显色剂,并用紫外-可见分光光度法即可测得总铬含量。将总铬含量减去用原混合水样所直接测得的六价铬含量,即得三价铬含量。

【仪器和试剂】

1. 仪器

UV-3600紫外-可见分光光度计、10 mm石英比色皿。

2. 试剂

所需试剂见表3.4。

表3.4　所需试剂表

序号	名　称	配　制　方　法
1	去离子水	—
2	丙酮(分析纯)	—
3	(1+1)硫酸	—
4	(1+1)磷酸	—
5	(1+1)氢氧化铵	—

序号	名　　称	配　制　方　法
6	硝酸	—
7	硫酸	—
8	三氯甲烷	—
9	0.2%氢氧化钠溶液	—
10	4%高锰酸钾溶液	—
11	20%尿素溶液	—
12	2%亚硝酸钠溶液	—
13	氢氧化锌共沉淀剂	称取硫酸锌($ZnSO_4 \cdot 7H_2O$)8 g并溶于100 mL水中;称取氢氧化钠2.4 g并溶于120 mL水中。两者分别溶解后混合
14	铬标准储备液 (0.10 mg/mL Cr^{6+})	称取于120 ℃干燥2 h的重铬酸钾(优级纯)0.2829 g,用水溶解后移入1000 mL容量瓶中,用水定容,混匀
15	铬标准使用液 (1.00 µg/mL Cr^{6+})	吸取5.00 mL铬标准储备液并置于500 mL容量瓶中,用水稀释至标线,混匀。当天使用时配制
16	二苯碳酰二肼溶液	称取二苯碳酰二肼(简称DPC,分式为$C_{13}H_{14}N_4O$)0.2 g并溶于50 mL丙酮中,加水稀释至100 mL,混匀,储存于棕色瓶内,置于冰箱中保存
17	5%铜铁试剂	称取铜铁试剂($C_6H_5N(NO)ONH_4$)5 g并溶于冰水中,稀释至100 mL。用时现配

【实验步骤】

1. 六价铬的测定

（1）预处理

① 对于不含悬浮物、低色度的清洁地面水,可直接进行测定。

② 对于浑浊、色度较深的水样,应加入氢氧化锌共沉淀剂并进行过滤处理。

（2）测定标准曲线

取6支50 mL比色管,依次加入0 mL、0.50 mL、1.00 mL、2.00 mL、4.00 mL、8.00 mL铬标准使用液,用水稀释至标线,加入(1+1)硫酸和(1+1)磷酸各0.5 mL,混匀。加入2 mL显色剂溶液,混匀。5～10 min后于波长542 nm处,用10 mm比色皿,以水为参比,测定吸光度。以六价铬含量为横坐标,吸光度为纵坐标,绘制标准曲线。

（3）水样测试

取适量(含六价铬少于50 µg)无色透明或经预处理的水样并置于50 mL比色管中,用水稀释至标线,后面步骤同标准溶液测定。根据所测吸光度从标准曲线上查得六价铬含量。

2. 总铬的测定

（1）预处理

① 不含悬浮物、低色度的清洁地面水可直接用高锰酸钾氧化后测定。取50.0 mL清洁水样或经预处理的水样并置于150 mL锥形瓶中,用氢氧化铵和硫酸溶液调至中性,加入几

粒玻璃珠,加入(1+1)硫酸和(1+1)磷酸各0.5 mL,混匀。加入4‰高锰酸钾溶液2滴,如果紫色褪去,则继续滴加高锰酸钾溶液至保持红色。加热煮沸至溶液剩约20 mL。冷却后加入1 mL 20%的尿素溶液,混匀。用滴管加2%亚硝酸钠溶液,每加一滴充分混匀,至紫色刚好消失。稍停片刻,待溶液内气泡逸尽,转移至50 mL比色管中,稀释至标线,供测定。

② 对含大量有机物的水样,需消解。取50 mL水样并置于150 mL烧杯中,加入5 mL硝酸和3 mL硫酸,缓慢加热蒸发至冒白烟。如果溶液仍有颜色,再加5 mL硝酸,重复上述操作,至溶液澄清,冷却。用水稀释至10 mL,用氢氧化铵溶液中和至pH为1～2,移入50 mL容量瓶中,用水稀释至标线,混匀,供测定。

(2) 测定标准曲线

与六价铬标准曲线测定流程相同。

(3) 水样测试

与六价铬水样测定流程相同。

【数据处理】

六价铬、总铬的测定满足

$$C=\frac{m}{V}$$

式中,m为由标准曲线得到的六价铬(或总铬)含量,μg;V为水样体积,mL。

【注意事项】

(1) 如果水样中钼、钒、铁、铜等含量较大,先用铜铁试剂-三氯甲烷萃取将其除去,然后再进行消解处理。

(2) 水样中存在低价铁、亚硫酸盐、硫化物等还原性物质时,可将六价铬还原为三价铬。应调节水样pH至8,加入显色剂溶液,放置5 min后再酸化显色,并以相同方法绘制标准曲线。

【思考题】

(1) 测定总铬时,加入高锰酸钾溶液,如果溶液颜色褪去,为什么还要继续补加高锰酸钾?

(2) 为何还原时,先加入尿素溶液,再逐滴加入亚硝酸钠溶液?

3.9 微波消解–原子荧光法测定土壤中汞、砷、硒、铋、锑

【目的和要求】

(1) 了解原子荧光光度计的原理。

(2) 掌握原子荧光光度计的操作方法。

(3) 学会用原子荧光法测定土壤中多种金属元素的含量。

【实验原理】

原子荧光法的原理是蒸气相中基态原子受到具有特征波长的光源辐射后,其中一些自由原子被激发跃迁到较高能态,然后跃迁到某一较低能态或邻近基态的另一能态,将吸收的能量以辐射的形式发射出特征波长的原子荧光谱线。原子荧光法检出限低、灵敏度高、分析校准曲线线性范围宽。原子荧光分析校准曲线线性范围宽,可达3~5个数量级,这使得其在测定不同浓度的元素时都能保持良好的线性关系,从而可以进行更为精确的分析。

土壤样品经微波消解后试液进入原子荧光光度计,在硼氢化钾溶液还原作用下,生成砷化氢、铋化氢、锑化氢和硒化氢气体,汞被还原成原子态。在氩氢火焰中形成基态原子,在元素灯(汞、砷、硒、铋、锑)发射光的激发下产生原子荧光,原子荧光强度与试液中的元素含量成正比。

【仪器和试剂】

1. 仪器

HGF-N₃原子荧光光度计、微波消解仪。

2. 试剂

所需试剂见表3.5。

表3.5 所需试剂表

序号	名 称	配 制 方 法
1	去离子水	—
2	盐酸(分析纯)	—
3	硝酸(分析纯)	—
4	(1+1)盐酸	移取500 mL盐酸用去离子水稀释至1000 mL

续表

序号	名　　称	配　制　方　法
5	硫脲和抗坏血酸混合溶液	称取硫脲、抗坏血酸各10 g,用100 mL去离子水溶解,混匀,使用当日配制
6	元素标准固定液	将0.5 g重铬酸钾溶于950 mL去离子水中,再加入50 mL硝酸混匀
7	汞、砷、硒、铋、锑标准储备液($\rho=100.0$ mg/L)	—
8	汞标准中间液($\rho=1.0$ mg/L)	移取标准储备液5.00 mL,置于500 mL容量瓶中,用固定液定容至标线,混匀
9	汞标准使用液($\rho=10.0$ μg/L)	移取汞标准中间液5.00 mL,置于500 mL容量瓶中,用固定液定容至标线,混匀。用时现配
10	砷、铋、锑标准中间液($\rho=1.0$ mg/L)	移取砷、铋、锑标准储备液5.00 mL并置于500 mL的容量瓶中,加入100 mL盐酸溶液,用去离子水定容至标线,混匀
11	砷、铋、锑标准使用液($\rho=100.0$ μg/L)	移取10.00 mL砷、铋、锑标准中间液并置于100 mL容量瓶中,加入20 mL盐酸溶液,用去离子水定容至标线,混匀。用时现配
12	硒标准中间液($\rho=1.0$ mg/L)	移取硒标准储备液5.00 mL并置于500 mL的容量瓶中,用去离子水定容至标线,混匀
13	硒标准使用液($\rho=100.0$ μg/L)	移取10.00 mL硒标准中间液并置于100 mL容量瓶中,用去离子水定容至标线,混匀。用时现配
14	硼氢化钾溶液A($\rho=10$ g/L)	称取0.5 g氢氧化钾并放入盛有100 mL实验用水的烧杯中,玻璃棒搅拌待完全溶解后再加入称好的1.0 g硼氢化钾,搅拌溶解。此溶液当日配制,用于测定汞
15	硼氢化钾溶液B($\rho=20$ g/L)	称取0.5 g氢氧化钾并放入盛有100 mL实验用水的烧杯中,玻璃棒搅拌待完全溶解后再加入称好的2.0 g硼氢化钾,搅拌溶解。此溶液当日配制,用于测定砷、硒、铋、锑
16	(5+95)盐酸溶液	移取25 mL盐酸用去离子水稀释至500 mL

【实验步骤】

1. 土壤样品预处理

称取风干、过筛的样品0.1~0.5 g(精确至0.0001 g,样品中元素含量低时,可将样品称取量提高至1.0 g)并置于溶样杯中,用少量实验用水润湿。在通风橱中,先加入6 mL盐酸,再缓慢加入2 mL硝酸,混匀,使样品与消解液充分接触。若有剧烈化学反应,待反应结束后再将溶样杯置于消解罐中密封。将消解罐装入消解罐支架后放入微波消解仪的炉腔中,确认主控消解罐上的温度传感器及压力传感器均已与系统连接好。按照表3.6的升温程序进行微波消解,程序结束后冷却。待罐内温度降至室温后在通风橱中取出,缓慢泄压放气,打开消解罐盖。

表3.6　微波消解升温程序

步骤	升温时间/min	目标温度/℃	保持时间/min
1	5	100	2
2	5	150	3
3	5	180	25

把玻璃小漏斗插于50 mL容量瓶的瓶口,用慢速定量滤纸将消解后的溶液过滤、转移至容量瓶中,用实验用水洗涤溶样杯及沉淀,将所有洗涤液并入容量瓶中,最后用实验用水定容至标线,混匀。

2. 试样制备

分取10.0 mL预备好的样品并置于50 mL容量瓶中,按照表3.7加入盐酸、硫脲和抗坏血酸混合溶液,混匀。室温放置30 min,用实验用水定容至标线,混匀。

表3.7　定容50 mL时试剂加入量

名　称	汞	砷、铋、锑	硒
盐酸/mL	2.5	5.0	10.0
硫脲和抗坏血酸混合溶液/mL	—	10.0	—

3. 仪器参数设置

原子荧光光度计开机预热,按照仪器使用说明书设定灯电流、负高压、载气流量、屏蔽气流量等工作参数(表3.8)。

表3.8　原子荧光光度计的工作参数

元素	灯电流/mA	负高压/V	原子化器温度/℃	载气流量/(mL/min)	屏蔽气流量/(mL/min)	测试波长/nm
汞	15~40	230~300	200	400	800~1000	253.7
砷	40~80	230~300	200	300~400	800	193.7
硒	40~80	230~300	200	350~400	600~1000	196.0
铋	40~80	230~300	200	300~400	800~1000	306.8
锑	40~80	230~300	200	200~400	400~700	217.6

4. 校准

(1) 汞的校准系列溶液

分别移取0.50 mL、1.00 mL、2.00 mL、3.00 mL、4.00 mL、5.00 mL汞标准使用液并置于50 mL容量瓶中,分别加入2.5 mL盐酸,用实验用水定容至标线,混匀。

(2) 砷的校准系列溶液

分别移取0.50 mL、1.00 mL、2.00 mL、3.00 mL、4.00 mL、5.00 mL砷标准使用液并置于50 mL容量瓶中,分别加入5.0 mL盐酸、10.0 mL硫脲和抗坏血酸混合溶液,室温放置30 min(室温低于15 ℃时,置于30 ℃水浴中保温20 min),用实验用水定容至标线,混匀。

(3) 硒的校准系列溶液

分别移取0.50 mL、1.00 mL、2.00 mL、3.00 mL、4.00 mL、5.00 mL硒标准使用液并置于50 mL容量瓶中,分别加入10.0 mL盐酸,室温放置30 min(室温低于15 ℃时,置于30 ℃

水浴中保温 20 min），用实验用水定容至标线，混匀。

（4）铋的校准系列溶液

分别移取 0.50 mL、1.00 mL、2.00 mL、3.00 mL、4.00 mL、5.00 mL 铋标准使用液并置于 50 mL 容量瓶中，分别加入 5.0 mL 盐酸、10.0 mL 硫脲和抗坏血酸混合溶液，用实验用水定容至标线，混匀。

（5）锑的校准系列溶液

分别移取 0.50 mL、1.00 mL、2.00 mL、3.00 mL、4.00 mL、5.00 mL 锑标准使用液并置于 50 mL 容量瓶中，分别加入 5.0 mL 盐酸、10.0 mL 硫脲和抗坏血酸混合溶液，室温放置 30 min（室温低于 15 ℃时，置于 30 ℃水浴中保温 20 min），用实验用水定容至标线，混匀。

汞、砷、硒、铋、锑的校准系列溶液浓度见表 3.9。

表 3.9　各元素校准系列溶液浓度

元素	标　　准　　系　　列/(μg/L)					
汞	0	0.10	0.20	0.40	0.60	0.80	1.00
砷	0	1.00	2.00	4.00	6.00	8.00	10.00
硒	0	1.00	2.00	4.00	6.00	8.00	10.00
铋	0	1.00	2.00	4.00	6.00	8.00	10.00
锑	0	1.00	2.00	4.00	6.00	8.00	10.00

5. 测定校准曲线

以硼氢化钾溶液 A/B 为还原剂、(5＋95)盐酸溶液为载流，由低浓度到高浓度顺次测定校准系列溶液的原子荧光强度。用扣除零浓度空白的校准系列溶液的原子荧光强度为纵坐标，溶液中相对应的元素浓度(μg/L)为横坐标，绘制校准曲线。同等条件下测试空白样品。

6. 样品测定

将制备好的试样导入原子荧光光度计中，按照与测定校准曲线相同的仪器工作条件进行测定。如果被测元素浓度超过校准曲线浓度范围，应稀释后重新进行测定。同时将制备好的空白试样导入原子荧光光度计中，按照与测定校准曲线相同的仪器工作条件进行测定。

【数据处理】

土壤中元素含量 C(mg/kg)按以下公式计算：

$$C = \frac{(\rho - \rho_0) \times V_0 \times V_2}{m \times W_{dm} \times V_1} \times 10^{-3}$$

式中，C 为土壤中元素的含量，mg/kg；ρ 为由校准曲线查得的测定试样中元素的浓度，μg/L；ρ_0 为空白样品中测定的元素浓度，μg/L；V_0 为微波消解后试样的定容体积，mL；V_1 为分取试样的体积，mL；V_2 为分取后测定试样的定容体积，mL；m 为称取样品的质量，g；W_{dm} 为样品的干物质含量，%。

【注意事项】

(1) 硝酸和盐酸具有强腐蚀性,样品消解过程应在通风橱内进行,实验人员应注意佩戴防护器具。

(2) 实验所用的玻璃器皿均要用(1+1)硝酸溶液浸泡24 h后,依次用自来水、实验用水洗净。

【思考题】

原子荧光光度计和原子吸收分光光度计在结构上有何区别? 为什么?

3.10 红外光度法测定工业废水中的油类

【目的和要求】

(1) 学会废水中油类物质含量的测定方法。
(2) 掌握红外光度法的原理和测量方法。

【实验原理】

废水中含有的油类物质会阻碍植物的生长,并对水生生物产生毒害。油类物质在废水中可能会分解不完全,导致这些有害物质直接排放到土壤中,严重污染土壤,对农作物产生负面影响。工业废水中含有的油类物质,如有致癌性的多环芳烃、多氯联苯以及各种重金属超微粒子等,可能通过食物链进入人体,危害人体健康。

含油废水在pH<2的条件下用四氯乙烯萃取后,测定油类;将萃取液用硅酸镁吸附去除动植物油类等极性物质后,测定石油类。油类和石油类的含量均由2930 cm^{-1}(CH$_2$基团中C—H键的伸缩振动)、2960 cm^{-1}(CH$_3$基团中C—H键的伸缩振动)和3030 cm^{-1}(芳香环中C—H键的伸缩振动)处的吸光度A_{2930}、A_{2960}和A_{3030},根据校正系数进行计算。

【仪器和试剂】

1. 仪器
DM-600型红外分光测油仪、分液漏斗、玻璃棉(使用前用四氯乙烯浸泡后晾干)、玻璃漏斗。

2. 试剂
(1) 去离子水。

（2）四氯乙烯（C_2Cl_4）：以干燥的4 cm空石英比色皿为参比，在2800～3100 cm^{-1}范围使用4 cm石英比色皿测定四氯乙烯，在2930 cm^{-1}、2960 cm^{-1}、3030 cm^{-1}处吸光度应分别不超过0.34、0.07、0。

（3）无水硫酸钠（Na_2SO_4）：将硫酸钠置于马弗炉内，于550 ℃下加热4 h，稍冷后装入磨口玻璃瓶中，置于干燥器内储存。

（4）（1+1）盐酸溶液。

（5）正十六烷（$C_{16}H_{34}$）：色谱纯。

（6）异辛烷（C_8H_{18}）：色谱纯。

（7）苯（C_6H_6）：色谱纯。

（8）石油类标准储备液（$\rho=10000$ mg/L）：按体积比65:25:10的比例，量取正十六烷、异辛烷和苯配制混合物。称取1.0 g混合物并置于100 mL容量瓶中，用四氯乙烯定容，混匀。0～4 ℃冷藏、避光可保存1年。

（9）石油类标准使用液（$\rho=1000$ mg/L）：将石油类标准储备液用四氯乙烯稀释并定容于100 mL容量瓶中。

【实验步骤】

1. 制样

将样品转移至1000 mL分液漏斗中，量取50 mL的四氯乙烯洗涤样品瓶后，全部转移至分液漏斗中，充分振荡2 min，并经常开启旋塞排气，静置分层；用镊子取玻璃棉并置于玻璃漏斗中，取适量的无水硫酸钠铺于上面；打开分液漏斗旋塞，将下层有机相萃取液通过装有无水硫酸钠的玻璃漏斗后放至50 mL比色管中，用适量四氯乙烯润洗玻璃漏斗，润洗液合并至萃取液中，用四氯乙烯定容至标线。将上层水相全部转移至量筒，测量样品体积并记录。

在去离子水中加入盐酸溶液酸化至pH<2，按照与试样制备的相同步骤进行空白试样的制备。

2. 校准

仪器出厂已设定校准系数，需要校准。取适量石油类标准使用液，以四氯乙烯为溶剂配制适当浓度的石油类标准溶液，采用与试样测定相同的步骤进行测定，按照以下公式计算石油类标准溶液的浓度。如果测定值与标准值的相对误差在±10%以内，则校正系数可采用；否则重新测定校正系数并检验，直至符合条件为止。

$$\rho=\left[X\cdot A_{2930}+Y\cdot A_{2960}+Z\cdot\left(A_{3030}-\frac{A_{2930}}{F}\right)\right]$$

式中，ρ为四氯乙烯中油类的含量，mg/L；X为与CH_2基团中C—H键吸光度相对应的系数，mg/L/吸光度；Y为与CH_3基团中C—H键吸光度相对应的系数，mg/L/吸光度；Z为与芳香环中C—H键吸光度相对应的系数，mg/L/吸光度；F为脂肪烃对芳香烃影响的校正因子，即正十六烷在2930 cm^{-1}与3030 cm^{-1}处的吸光度之比；A_{2930}、A_{2960}、A_{3030}为各对应波数下测得的吸光度。

3. 测定

将萃取液转移至 4 cm 石英比色皿中,以四氯乙烯作参比,于 2930 cm^{-1}、2960 cm^{-1}、3030 cm^{-1} 处测量其吸光度 A_{2930}、A_{2960}、A_{3030}。同时在同等条件下测定空白试样。

【数据处理】

$$\rho = \left[X \cdot A_{2930} + Y \cdot A_{2960} + Z \cdot \left(A_{3030} - \frac{A_{2930}}{F} \right) \right] \cdot \frac{V_0 \cdot D}{V_w} - \rho_0$$

式中,ρ 为试样中油类或石油类的浓度,mg/L;ρ_0 为空白试样中油类或石油类的浓度,mg/L;X 为与 CH_2 基团中 C—H 键吸光度相对应的系数,mg/L/吸光度;Y 为与 CH_3 基团中 C—H 键吸光度相对应的系数,mg/L/吸光度;Z 为与芳香环中 C—H 键吸光度相对应的系数,mg/L/吸光度;F 为脂肪烃对芳香烃影响的校正因子,即正十六烷在 2930 cm^{-1} 与 3030 cm^{-1} 处的吸光度之比;A_{2930}、A_{2960}、A_{3030} 为各对应波数下测得的吸光度;V_0 为萃取溶剂的体积,mL;V_w 为试样体积,mL;D 为萃取液稀释倍数。

【注意事项】

(1) 每季度至少测定 3 个浓度点的标准溶液进行校正系数的检验。

(2) 将所有使用完的器皿置于通风橱内挥发完后再清洗。

【思考题】

(1) 油类物质有哪些分类?不同油类物质有何不同?

(2) 简述红外测油仪的结构。

3.11 冷原子吸收法测定土壤中的汞

【目的和要求】

(1) 了解冷原子吸收法测定汞的原理。

(2) 掌握冷原子吸收测汞仪的使用方法。

(3) 学会用冷原子吸收法测汞的操作方法。

【实验原理】

汞及其化合物属于剧毒物质,可在人体内蓄积。自然界中天然环境下汞的含量极少。未受到污染的土壤和底质中汞含量极少,而受到污染的土壤和底质含汞量高达每千克数十毫克。汞多以HgS、HgO及有机汞形式存在于土壤中。

冷原子吸收法测定微量汞的干扰因素少,灵敏度较高。其原理是汞蒸气对波长为253.7 nm的紫外光有选择性的吸收,在一定浓度范围内吸光度与汞浓度成正比。土壤样品经适当的预处理后,其中的汞转变为汞离子,再用氯化亚锡将汞离子还原成元素汞。以氮气或干燥清洁空气作为载气将汞吹出,进行原子吸收测定。

【仪器和试剂】

1. 仪器

冷原子吸收测汞仪、汞还原瓶。

2. 试剂

(1) 浓硫酸:分析纯。

(2) 10％盐酸羟胺:将10 g盐酸羟胺溶于100 mL去离子水中。

(3) 5％高锰酸钾溶液:将5 g高锰酸钾溶于100 mL去离子水中。

(4) 20％氯化亚锡:将20 g氯化亚锡溶于10 mL浓硫酸中,加水定容至100 mL。

(5) 汞标准溶液:准确称取干燥氯化汞0.1354 g,用5％HNO_3-0.05％$K_2Cr_2O_7$溶解后,移入1000 mL容量瓶中,用5％HNO_3-0.05％$K_2Cr_2O_7$溶液稀释至标线后混匀。此溶液汞浓度为100 μg/mL,将该溶液用5％HNO_3-0.05％$K_2Cr_2O_7$逐级稀释至汞浓度为0.1 μg/mL。

【实验步骤】

1. 测定标准曲线

在汞还原瓶中分别加入0.1 μg/mL汞标准溶液0 mL、0.1 mL、0.2 mL、0.4 mL、0.6 mL、0.8 mL,得到的标准系列溶液分别含汞0 μg、0.01 μg、0.02 μg、0.04 μg、0.06 μg、0.08 μg,加蒸馏水至体积为10 mL,用注射器迅速加入1 mL 20％氯化亚锡,立即盖紧。右手按紧还原瓶盖,左手捏紧进气口附近的胶管,摇动30 s后,接入气路,左手同时松开胶管。记下峰值读数。继续抽气排出体系中的汞蒸气使读数回到零点。每个浓度点测3次,取平均值,以汞含量为横坐标、峰值读数为纵坐标绘制标准曲线。

2. 土壤样品预处理

准确称取2份土壤样品,每份2 g左右。分别置于100 mL锥形瓶中,同时做空白实验。用少量蒸馏水湿润后,加(1＋1)硫酸5 mL,5％高锰酸钾10 mL,混匀后,置沸水浴上消解1 h。消解过程中经常摇动并滴加高锰酸钾溶液保持消解液为紫色。

3. 样品测定

样品消解冷却后,滴加盐酸羟胺至紫红色刚褪。移入 50 mL 容量瓶中,用蒸馏水稀释至标线并混匀,取上层清液 5 mL,按上述测定标准曲线的步骤测定,测 3 次取平均值。

【数据处理】

$$土壤样品中Hg的含量 = \frac{M \times V_{总}}{V \times m} \quad (mg/kg)$$

式中,M 为标准曲线上查得的 Hg 的质量,μg;$V_{总}$ 为试样定容体积,mL;V 为测定取样体积,mL;m 为试样质量,g。

【注意事项】

(1) 若样品中汞含量太低,可增大试样量,但各种试剂应按比例增加。

(2) 用盐酸羟胺还原高锰酸钾时,要逐滴加入,充分混匀,以免过量太多,并在褪色后尽快测定。

【思考题】

(1) 为什么要加入盐酸羟胺使高锰酸钾褪色? 褪色后为什么要尽快测定?

(2) 冷原子吸收法测汞的原理是什么?

3.12　土壤总有机碳的测定——燃烧氧化-非分散红外吸收法

【目的和要求】

(1) 掌握土壤总有机碳的测定原理和方法。

(2) 了解总有机碳分析仪的基本构造。

(3) 能初步操作总有机碳分析仪进行测定。

【实验原理】

总有机碳是以碳的含量表示水中有机物的总量,结果以碳(C)的质量浓度(mg/L)表示。碳是一切有机物的共同成分,是组成有机物的主要元素。水的总有机碳含量值越高,说明水中有机物含量越高。因此,总有机碳可以作为评价水质有机污染的指标。高浓度的总有机碳会导致水体缺氧,对水生生物产生负面影响,并影响地下水的质量。另外,一些有机物有毒且易降解,进入人体后可能对人体健康产生危害。一些有机物甚至可能诱发癌症或其他疾病。

风干土壤样品在富含氧气的载气中加热至 680 ℃以上,样品中有机碳被氧化为 CO_2,将产生的 CO_2 导入非分散红外检测器,在一定浓度范围内,CO_2 的红外线吸收强度与其浓度成正比,根据 CO_2 产生量计算土壤中的总有机碳含量。图 3.4 是总有机碳分析仪的结构示意图。

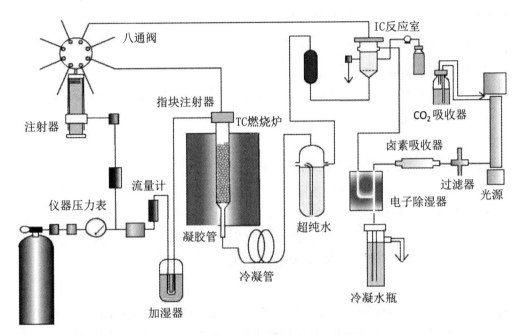

图 3.4　总有机碳分析仪的结构示意图

【仪器和试剂】

1. 仪器

岛津 TOC-L 总有机碳分析仪。

2. 试剂

(1) 去离子水:电导率≤0.2 mS/m(25 ℃)。

(2) 浓磷酸($\rho(H_3PO_4)＝85\%$):优级纯。

(3) 蔗糖:基准试剂。

(4) 蔗糖溶液($\rho_{oc}＝10.0$ g/L):称取 2.375 g 已在 104 ℃下烘干 2 h 的蔗糖,溶于适量水中,移至 100 mL 容量瓶中,用水稀释至标线,混匀。常温下保存,有效期为两周。

(5) 磷酸溶液($\rho(H_3PO_4)＝5\%$):量取 59 mL 浓磷酸并溶于 700 mL 水中,冷却至室温后,用水稀释至 1000 mL。常温下保存,有效期为 2 周。

【实验步骤】

1. 试样的制备

土壤样品的采集和保存参照HJ/T 166的相关规定执行。将土壤样品置于风干盘中,平摊成2~3 cm厚的薄层,先剔除植物、昆虫、石块等残体,用铁锤或瓷质研磨棒压碎土块,每天翻动几次,自然风干。充分混匀风干土壤,采用四分法,取其中两份,一份留存,一份研磨至全部过2 mm(10目)土壤筛。取10~20 g过筛后的土壤样品,研磨至全部过0.097 mm(160目)土壤筛,装入棕色具塞玻璃瓶中,待测。

2. 干物质含量的测定

准确称取过2 mm(10目)筛后的风干土壤样品,参照HJ 613测定土壤的干物质含量。

3. 校准曲线的绘制

用移液管分别准确量取0 mL、0.5 mL、1.0 mL、2.5 mL、5.0 mL、10.0 mL蔗糖溶液于10.0 mL容量瓶中,用水稀释至标线,配制成浓度分别为0 g/L、0.5 g/L、1.0 g/L、2.5 g/L、5.0 g/L、10.0 g/L的校准系列溶液。用微量注射器取200 μL校准系列溶液并置于石英杯中,其对应有机碳含量分别为0 mg、0.10 mg、0.20 mg、0.50 mg、1.00 mg和2.00 mg,将石英杯放入总有机碳分析仪,依次从低浓度到高浓度测定校准系列溶液的响应值,以有机碳含量(mg)为横坐标,对应的响应值为纵坐标,绘制校准曲线。

4. 测定

称取试样0.05 g,精确到0.0001 g,放入石英杯中,并缓慢滴加磷酸溶液,至试样无气泡冒出。将石英杯放入总有机碳分析仪,测定响应值。用200 μL水代替试样,按照本步骤进行测定。

【数据处理】

土壤中有机碳含量w_{oc}(以碳计,质量分数,%),按照下式进行计算:

$$m_1 = m \times \frac{w_{dm}}{100}$$

$$w_{oc} = \frac{(A - A_0 - a)}{b \times m_1 \times 1000} \times 100$$

式中,m_1为试样中干物质的质量,g;m为试样取样量,g;w_{dm}为土壤样品的干物质含量(质量分数),%;w_{oc}为土壤样品中有机碳的含量(以碳计,质量分数,%);A为试样响应值;A_0为空白样品响应值;a为校准曲线的截距;b为校准曲线的斜率。

【思考题】

（1）总有机碳的测定除了采用标准曲线法直接测定外，有没有间接测定方法？如何实现？

（2）简述总有机碳分析仪的结构。

第4章 色谱分析法实验

4.1 气相色谱法分析大气中的苯系物

【目的和要求】

（1）掌握气相色谱法的分离和测定原理。

（2）了解气相色谱仪的结构与工作原理。

【实验原理】

大气苯系物包括苯、甲苯、二甲苯等物质。它们都是无色、具有芳香气味的物质，易燃，易溶于有机溶剂，在空气中以蒸气形式存在。

苯系物在工业中有广泛应用，比如作为溶剂和涂料原料。它们在装修、化学、塑胶、纤维等领域中起到重要的作用。然而，这些化合物对人体和动物是有毒的，长期接触低含量的苯系物可能会导致血液系统损害，引发慢性中毒、神经衰弱、白血病等问题，苯系物甚至被世界卫生组织确定为强烈致癌物质。

气相色谱法是以气体作为流动相，当它携带欲分离的混合物经固定相时，由于混合物中各组分的分配系数不同，与固定相作用的程度也有所不同，经过多次分配之后，各组分在固定相中的滞留时间有长有短，从而使各组分依次流出色谱柱而得到分离。

应用气相色谱法分析苯系物灵敏度高。采用活性炭吸附管富集空气中的苯、甲苯、乙苯、二甲苯，用二硫化碳解吸后，进气相色谱仪进行定性、定量分析。

【仪器和试剂】

1. 仪器

气相色谱仪（氢焰离子化检测器）、空气采样器、活性炭吸附管（长10 cm，内径20～50目粒状活性炭0.5 g，分A、B两段，中间用玻璃棉隔开）。

2. 试剂

（1）二硫化碳：分析纯，使用前要纯化，并经色谱检验无干扰峰。

（2）标准化合物储备液：苯、甲苯、乙苯、二甲苯均为色谱纯。用二硫化碳配制成5~10 μg/mL。

【实验步骤】

1. 大气样品采集

用乳胶管将活性炭吸附管B段与空气采样器连接，并垂直放置，以0.5 L/min流量采集气体10 L，取下采样管后将两端用乳胶管密封。

2. 苯系化合物系列标准溶液

标准化合物储备液再分别用二硫化碳配制成含苯、甲苯浓度为2 ng/μL、4 ng/μL、6 ng/μL、8 ng/μL、10 ng/μL，含乙苯、对二甲苯、邻二甲苯、间二甲苯浓度为4 ng/μL、8 ng/μL、12 ng/μL、16 ng/μL、20 ng/μL的系列标准溶液，取标准溶液2.00 mL并放入5 mL的容量瓶中，加入0.25 g活性炭，振荡2 min，再放置20 min，然后取2.00~5.00 μL，进样分析。

3. 仪器参数设置

（1）色谱柱：PEG-6000，长3 m，内径4 mm的不锈钢柱。

（2）温度：柱温为90 ℃，检测器温度为150 ℃，气化室温度为200 ℃。

（3）气体流速：氮气为25 mL/min，空气为300 mL/min，氢气为30 mL/min。

4. 样品萃取

将采样管A、B两段的活性炭，分别移入2个5 mL的容量瓶中，加入2.00 mL的二硫化碳，振摇2 min，再放置20 min，然后取2.00~5.00 μL，进样分析。

5. 进样测试

自动进样2 μL系列标准溶液，分别测定苯、甲苯、乙苯、对二甲苯、间二甲苯、邻二甲苯的峰高（或峰面积），记录保留时间；再自动进样2 μL萃取的试样，测量其峰高及保留时间。

【数据处理】

以保留时间定性，峰高（或峰面积）定量。以峰高对浓度绘制各组分的标准曲线。再从标准曲线上读取对应样品峰高的含量值。按以下公式计算：

$$C_i = \frac{W_1 + W_2}{V_n}$$

式中，C_i为样品中i组分的含量，mg/m³；W_1为A段活性炭解吸液中该组分的含量，μg；W_2为B段活性炭解吸液中该组分的含量，μg；V_n为标准状况下的采样体积，L。

【注意事项】

取样和进样量要准确，自动进样器要经常清洗防止堵塞。

【思考题】

(1) 气相色谱法定性和定量的依据是什么？

(2) 简述气相色谱仪的结构。

4.2 气相色谱法测定农田土壤中六六六农药

【目的和要求】

(1) 了解从土样中提取六六六农药的方法。

(2) 掌握气相色谱法的定性、定量方法。

(3) 熟悉气相色谱仪的结构及操作技术。

【实验原理】

六六六属于有机氯农药，是一种毒性大、存留时间长、不易降解的化学物质，对环境和人体健康都有很大的危害。对于神经系统，其可能导致头痛和头晕等不适感，同时伴有肌肉和四肢不自主抽搐或颤抖、站立不稳、运动失调、意识迟钝，甚至出现昏迷的状况。严重的，可能会因呼吸中枢抑制而引发呼吸衰竭。对于呼吸及循环系统，吸入农药可能引发咽、喉、鼻黏膜充血的状况以及喉部有异物感、吐出泡沫痰、带血丝、呼吸困难、肺部有水肿、脸色苍白、血压下降、体温上升、心律不齐、心动过速，甚至心室颤动等症状。在许多国家，包括我国，已经禁止使用六六六。

六六六农药有8种顺、反异构体。它们的物理化学性质稳定，不易分解，且具有水溶性低、脂溶性高、在有机溶剂中分配系数大的特点。因此，本实验采用有机溶剂提取，浓硫酸纯化以消除或减少对分析的干扰，然后用电子捕获检测器进行检测。

【仪器和试剂】

1. 仪器

气相色谱仪（电子捕获检测器）、脱脂棉（石油醚回流干燥备用）、滤纸筒（石油醚回流干燥备用）、脂肪提取器。

2. 试剂

(1) 去离子水。

(2) 丙酮：色谱纯，重蒸馏，色谱进样无干扰峰。

（3）石油醚：色谱纯，重蒸馏，色谱进样无干扰峰。

（4）无水硫酸钠。

（5）2％硫酸钠溶液。

（6）30～80 目硅藻。

（7）α-六六六、β-六六六、γ-六六六、δ-六六六标准溶液：将色谱纯 α-六六六、β-六六六、γ-六六六、δ-六六六用石油醚配制成 200 mg/L 的储备液，用石油醚配制成适当浓度的标准溶液。

【实验步骤】

1. 样品提取

称取经风干过 60 目筛的土壤 20.00 g（另取 10.00 g 测定水分含量）并置于小烧杯中，加 2 mL 水、4 g 硅藻土，充分混合后，全部移入滤纸筒内，盖上滤纸，移入脂肪提取器中。加入 80 mL 石油醚-丙酮混合溶液（1∶1）浸泡 12 h 后，加热回流提取 4 h。回流结束后，使脂肪提取器上部有集聚的溶剂。待冷却后将提取液移入 500 mL 分液漏斗中，用脂肪提取器上部溶液，分 3 次冲洗提取器烧瓶，将洗涤液并入分液漏斗中。向分液漏斗中加入 300 mL 2％硫酸钠水溶液，振摇 2 min，静止分层后，弃去下层丙酮水溶液，上层石油醚提取液供纯化用。

2. 纯化

在盛有石油醚提取液的分液漏斗中，加入 6 mL 浓硫酸，开始轻轻振摇，并不断将分液漏斗中因受热释放的气体排出，以防压力太大引起爆炸，然后剧烈振摇 1 min。静止分层后弃去下部硫酸层。用硫酸纯化的次数，视提取液中杂质的多少而定，一般为 1～3 次。然后加入 100 mL 2％的硫酸钠溶液，振摇洗去石油醚中残存的硫酸。静置分层后，弃去下部水相。上层石油醚提取液通过铺有 1 cm 厚的无水硫酸钠层的漏斗（漏斗下部用脱脂棉支撑无水硫酸钠），脱水后的石油醚收集于 50 mL 容量瓶中，无水硫酸钠层用少量石油醚洗涤 2～3 次。洗涤液也收集于上述容量瓶中，加石油醚稀释至标线，供色谱测定。

3. 仪器参数设置

（1）色谱柱：毛细管柱，长 30 m。

（2）柱箱温度：初始温度为 60 ℃，以 20 ℃/min 的升温速率升至 180 ℃，再以 10 ℃/min 的升温速率升至 240 ℃。

（3）气化室温度：250 ℃。

（4）检测器温度：300 ℃。

（5）载气：氮气。

（6）流速：1.8 mL/min。

4. 样品测试

自动进样器定量注入各六六六标准溶液各 2 次。记录进样量、保留时间及峰高或面积，计算时用平均值。再用同样的方法对样品进行进样分析。

【数据处理】

$$C_{样} = \frac{H_{样} \times C_{标} \times Q_{标}}{H_{标} \times Q_{样} \times R \times K}$$

式中，$C_{样}$ 为样品中六六六的含量，$\mu g/kg$；$H_{样}$ 为样品中相应峰高，mm；$H_{标}$ 为标准溶液峰高，mm；$C_{标}$ 为标准溶液浓度，$\mu g/L$；$Q_{标}$ 为标准溶液进样量，5 μL；$Q_{样}$ 为样品溶液进样量，5 μL；R 为相应化合物的添加回收率，%；K 为样品提取液的体积，相当于样品的质量，kg/L，计算公式为

$$K = \frac{20.00 \times (1 - 土壤中水分质量分数)}{50}$$

【注意事项】

(1) 每次进样后，注射器一定要用石油醚洗净，避免样品互相污染，影响测定结果。

(2) 纯化时出现乳化现象可采用过滤、离心或反复滴液的方法解决。

(3) 配制 β-六六六标准溶液时，先用少量苯溶解。

【思考题】

(1) 本实验纯化法的原理是什么？

(2) 归一化法、标准曲线法、内标法、标准加入法有何不同？

4.3　高效液相色谱法测定环境空气中的苯并[a]芘

【目的和要求】

(1) 熟悉高效液相色谱的构造与组成。

(2) 掌握高效液相色谱的操作方法。

(3) 掌握环境样品中苯并[a]芘的提取方法。

【实验原理】

大气中的苯并[a]芘主要来源于各种有机物的燃烧和汽车尾气的排放。在燃烧过程中，含碳物质不完全燃烧会产生苯并[a]芘。此外，大气中还存在一些苯并[a]芘的天然来源，例如森林火灾和火山喷发等。苯并[a]芘在食品行业中也经常产生。食品在煤、炭和植物燃料

烘烧、熏制或者高温烹调加工时,由于热解或热聚反应会形成大量多环芳烃,其中就含有苯并[a]芘。

苯并[a]芘是一种多环芳烃,具有强烈的致癌作用,可以诱发肺癌,是大气中重要的环境监测指标之一。其化学性质稳定,不易分解,因此在环境中持续存在,对环境和人体健康产生长期的危害。

高效液相色谱是在经典液相色谱的基础上发展起来的。液相色谱是指流动相为液体的色谱技术,高效液相色谱在技术上采用了高压泵、高效固定相和高灵敏度检测器,具有分析速度快、分离效率高和操作自动化的特点。本实验用超细玻璃(或石英)纤维滤膜采集环境空气中的苯并[a]芘,用二氯甲烷或乙腈提取,提取液浓缩、净化后,采用高效液相色谱分离,荧光检测器检测,根据保留时间定性,外标法定量。

【仪器和试剂】

1. 仪器

Essentia LC-16高效液相色谱仪、ODS-C18色谱柱、大气采样器、索氏提取器、K-D浓缩仪、固相萃取器。

2. 试剂

(1) 去离子水。

(2) 超细玻璃(或石英)纤维滤膜:根据采样头选择相应规格的滤膜。滤膜对$0.3~\mu m$标准粒子的截留效率不低于99%,使用前在马弗炉中于400 ℃下加热5 h以上,冷却后保存于滤膜盒中,保证滤膜在采样前和采样后不受沾污,并在采样前处于平展状态。

(3) 二氯甲烷:色谱纯。

(4) 无水硫酸钠:使用前将硫酸钠置于马弗炉中,于450 ℃加热4 h,冷却,于磨口玻璃瓶中密封。

(5) 正己烷:色谱纯。

(6) 乙腈:色谱纯。

(7) 硅胶固相萃取柱:1000 mg/6 mL。

(8) 二氯甲烷-正己烷混合溶液:3:7,现用现配。

(9) 苯并[a]芘标准储备液($\rho=100~\mu g/mL$):溶剂为乙腈,直接购买市售有证标准溶液。

(10) 苯并[a]芘标准中间液($\rho=10.0~\mu g/mL$):准确移取1.00 mL苯并[a]芘标准储备液并置于10 mL容量瓶中,用乙腈定容,混匀。4 ℃以下密封、避光、冷藏保存,保存期为1年。

(11) 苯并[a]芘标准使用液($\rho=2.0~\mu g/mL$):准确移取1.00 mL苯并[a]芘标准中间液并置于5 mL容量瓶中,用乙腈定容,混匀。4 ℃以下密封、避光、冷藏保存,保存期为6个月。

【实验步骤】

1. 采样

环境空气采样点位的布设应符合 HJ 194 的要求,无组织排放监控点的布设应符合 HJ/T 55 的要求;采样时间、频率及所采颗粒物粒径按照相关标准的规定执行。

采样时,用无锯齿镊子将滤膜放入洁净滤膜夹内,滤膜毛面朝向进气方向,将滤膜牢固压紧。将滤膜夹放入采样器中,设置采样时间等参数,启动采样器开始采样。采样结束后,用镊子取出滤膜,将滤膜尘面向内对折,避免尘面接触无尘边缘,并放入保存盒中。

2. 制样

（1）样品提取

将滤膜放入自动索氏提取器中,加入 100 mL 二氯甲烷,回流提取至少 40 个循环。提取完毕,冷却至室温,取出底瓶,冲洗提取杯接口,清洗液一并转移至底瓶。提取液用无水硫酸钠干燥,转移至浓缩瓶中,待浓缩、净化。

（2）样品浓缩

将二氯甲烷样品提取液放在 K-D 浓缩仪中于 45 ℃以下浓缩,将溶剂完全转换为正己烷,浓缩至 1 mL,待净化。如果不用进一步净化,则可将溶剂转换为乙腈,定容至 1.0 mL,转移至样品瓶中待测。

（3）样品净化

将硅胶固相萃取柱固定于净化装置。依次用 4 mL 二氯甲烷、10 mL 正己烷冲洗柱床,待柱内充满正己烷后关闭流速控制阀,浸润 5 min 后打开控制阀,弃去流出液。当液面稍高于柱床时,将浓缩后的样品提取液转移至柱内,用 1.0 mL 二氯甲烷-正己烷混合溶液洗涤样品瓶两次,将洗涤液一并转移至柱内,接收流出液,用 8.0 mL 二氯甲烷-正己烷混合溶液洗脱,待洗脱液流过净化柱后关闭流速控制阀,浸润 5 min,再打开控制阀,接收洗脱液至完全流出。

将洗脱液浓缩并将溶剂转换为乙腈,定容至 1.0 mL,转移至样品瓶中待测。取同批空白滤膜,按照与试样制备的相同步骤制备实验室空白试样。

3. 仪器参数设置

（1）柱箱温度:35 ℃。

（2）进样量:10 μL。

（3）荧光检测器的激发波长/发射波长:305 nm/430 nm。

（4）梯度洗脱程序见表 4.1,流动相 A 为乙腈,流动相 B 为水。

表 4.1　梯度洗脱程序

时间/min	流动相流速/(mL/min)	流动相 A	流动相 B
0	1.2	65%	35%
27	1.2	65%	35%

续表

时间/min	流动相流速/(mL/min)	流动相A	流动相B
41	1.2	100%	0
45	1.2	65%	35%

4. 绘制标准曲线

分别移取适量苯并[a]芘标准使用液,用乙腈稀释,制备标准系列溶液,质量浓度分别为 0.025 μg/mL、0.050 μg/mL、0.100 μg/mL、0.500 μg/mL、1.000 μg/mL、2.000 μg/mL。

将标准系列溶液依次注入高效液相色谱仪,按照仪器参考条件分离检测,得到各不同浓度的苯并[a]芘的色谱图。以浓度为横坐标,对应的峰高(或峰面积)为纵坐标,绘制标准曲线。

5. 测定样品

按照与标准曲线绘制相同的仪器条件进行试样测定,记录色谱峰的保留时间和峰高(或峰面积)。当试样浓度超出标准曲线的线性范围时,用乙腈稀释后再进行测定。按照与试样测定相同的仪器条件进行空白试样的测定。

【数据处理】

用以下公式计算样品中苯并[a]芘的含量:

$$\rho = \frac{\rho_i \times V \times 1000}{V_s \times (1/n)}$$

式中,ρ 为样品中苯并[a]芘的质量浓度,ng/m^3;ρ_i 为由标准曲线得到试样中苯并[a]芘的质量浓度,$\mu g/mL$;V 为试样体积,mL;V_s 为实际采样体积,m^3;$1/n$ 为分析用滤膜在整张滤膜中所占的比例。

【注意事项】

苯并[a]芘属于强致癌物,样品前处理过程应在通风橱中进行,并按规定佩戴防护用具,避免接触皮肤和衣物。

【思考题】

(1) 高效液相色谱法有什么特点?

(2) 使用高效液相色谱法测定环境样品时应注意什么?

4.4 高效液相色谱法测定奶粉中的三聚氰胺

【目的和要求】

(1) 进一步掌握高效液相色谱法的基本原理。

(2) 掌握固相萃取技术原理、类型以及影响因素。

(3) 会用高效液相色谱法测定奶粉样品中三聚氰胺(Melamine)的含量。

【实验原理】

三聚氰胺,俗称密胺、蛋白精,分子式为$C_3H_6N_6$,是一种三嗪类含氮杂环有机化合物。它被用作化工原料,为白色单斜晶体,几乎无味,但对身体有害。三聚氰胺对身体的危害主要体现在肾脏上。三聚氰胺中含有大量的氮元素,这些氮元素进入肾脏后,会对肾造成损害,可能引发肾结石。肾结石可能导致肾绞痛、排尿困难、损伤血管引发血尿等症状。另外,三聚氰胺也被世界卫生组织列为2B类致癌物质,长期接触或食用含有大量三聚氰胺的食品会对人体健康产生严重危害,甚至可能引发癌症。在奶粉等婴幼儿食品中添加三聚氰胺会导致婴儿出现肾脏疾病,甚至死亡。

本实验以三氯乙酸溶液-乙腈提取样品,再经阳离子交换固相萃取柱净化后,用高效液相色谱仪进行测定。

【仪器和试剂】

1. 仪器

Essentia LC-16高效液相色谱仪、ODS-C18色谱柱、固相萃取器。

2. 试剂

(1) 去离子水。

(2) 甲醇水溶液:准确量取50 mL甲醇和50 mL水,混合后备用。

(3) 三氯乙酸溶液(1%):准确称取10 g三氯乙酸于1 L容量瓶中,用水溶解并定容至标线,混匀后备用。

(4) 氨化甲醇溶液(5%):准确量取5 mL氨水和95 mL甲醇,混匀后备用。

(5) 离子对试剂缓冲液:准确称取2.101 g柠檬酸和2.16 g辛烷磺酸钠,加入约980 mL水溶解,调节pH至3.0,定容后备用。

(6) 三聚氰胺标准储备液(1 mg/mL):准确称取100.0 mg三聚氰胺标准品并置于100 mL容量瓶中,用甲醇水溶液溶解并定容至标线。

（7）三聚氰胺标准溶液：用甲醇将三聚氰胺标准储备液逐级稀释到浓度为5.0 μg/mL、10.0 μg/mL、20.0 μg/mL、40.0 μg/mL、80.0 μg/mL的标准溶液。

【实验步骤】

1. 提取

准确称取样品2.00 g并置于50 mL具塞三角烧瓶中，加入15 mL 1%的三氯乙酸和5 mL乙腈作为提取液，充分混合均匀，放置于超声波仪中，进行超声萃取30 min后，转入离心试管中以4000 r/min离心10 min，吸取上清液5 mL并置于样品瓶中，再加入5 mL水准备过柱。

2. 净化

用3 mL甲醇和5 mL水活化SPE柱；然后将10 mL净化液分多次转移到固相萃取柱中，靠重力自流；再依次用3 mL水和3 mL甲醇洗涤淋洗，抽干后，用6 mL的体积分数为5%的氨化甲醇溶液洗脱。

3. 浓缩

将洗脱液用氮吹仪在50 ℃下缓慢吹干，用1 mL流动相定容，再用针头式过滤器过滤后进样。

4. 仪器参数设置

（1）色谱柱：ODS-C18柱。

（2）流动相：离子对试剂缓冲液-乙腈（20%～80%）。

（3）流速：1.0 mL/min。

（4）柱温：35 ℃。

（5）波长：240 nm。

（6）进样量：5 μL。

5. 绘制标准曲线

基线走稳后，将标准溶液根据浓度由低到高依次进样进行分析检测，得到各个浓度下的色谱图，再以峰面积对浓度作图，得到回归线性方程。

【数据处理】

同等条件下对未知样品进行提取、净化和浓缩进样测试，根据回归线性方程计算未知样品的三聚氰胺浓度。

【思考题】

（1）简述固相萃取原理。

（2）三聚氰胺为何会造成婴儿营养不良？

4.5　离子色谱法测定地表水中的阴离子含量

【目的和要求】

（1）学习离子色谱法的基本原理及操作方法。
（2）掌握离子色谱法的定性和定量分析方法。

【实验原理】

离子色谱法以阴离子或阳离子交换树脂为固定相,电解质溶液为流动相(洗脱液)。在分离阴离子时,常用$NaHCO_3$-Na_2CO_3的混合液或Na_2CO_3溶液作洗脱液;在分离阳离子时,常用稀盐酸或稀硝酸溶液作洗脱液。待测离子对离子交换树脂的亲和力不同,致使它们在分离柱内具有不同的保留时间而得到分离。此法常使用电导率检测器进行检测。为消除洗脱液中强电解质电导率对检测的干扰,在分离柱和检测器之间串联一根抑制柱。

$$R\text{-}HCO_3^- + MX \longrightarrow RX + MHCO_3$$

$$R\text{-}H^+ + Na^+ + HCO_3^- \longrightarrow R\text{-}Na^+ + H_2CO_3$$

$$2R\text{-}H^+ + Na_2^+CO_3^{2-} \longrightarrow 2R\text{-}Na^+ + H_2CO_3$$

$$R\text{-}H^+ + M^+X^- \longrightarrow R\text{-}M^+ + HX$$

从抑制柱流出的洗脱液中$NaHCO_3$、Na_2CO_3已被转变成电导率很小的H_2CO_3,消除了本底电导率的影响,而且试样阴离子X^-也转变成相应酸的阴离子,变相提高了待测离子的电导率,因此试样中离子电导率测定得以实现。

【仪器和试剂】

1. 仪器

YC7060型离子色谱仪、超声波发生器。

2. 试剂

（1）去离子水:电导率$<5\ \mu S/cm$。

（2）洗脱储备液($NaHCO_3$-Na_2CO_3)的配制:分别称取 26.04 g $NaHCO_3$ 和 25.44 g Na_2CO_3（105 ℃下烘干 2 h,并保存在干燥器内）并溶于水中,将其转移到1000 mL 容量瓶中,用水稀释至标线,混匀。该洗脱储备液中$NaHCO_3$的浓度为0.31 mol/L,Na_2CO_3浓度为0.24 mol/L。

（3）洗脱液的配制：吸取上述洗脱储备液 10.00 mL 并置于 1000 mL 容量瓶中，用水稀释至标线，混匀，用 0.45 μm 微孔滤膜过滤，即得 0.0031 mol/L $NaHCO_3$-0.0024 mol/L Na_2CO_3 洗脱液。

（4）抑制液（0.1 mol/L H_2SO_4 和 0.1 mol/L H_3BO_3 混合液）的配制：称取 6.2 g H_3BO_3 并置于 1000 mL 烧杯中，加入约 800 mL 纯水溶解，缓慢加入 5.6 mL 浓 H_2SO_4 并转移到 1000 mL 容量瓶中，用纯水稀释至标线，混匀。

（5）7 种阴离子标准储备液：分别称取适量的 NaF、KCl、NaBr、K_2SO_4、$NaNO_2$、NaH_2PO_4、$NaNO_3$ 并溶于水中，分别转移到 1000 mL 容量瓶，然后各加入 10.00 mL 洗脱储备液，并用水稀释至标线，混匀备用。7 种标准储备液中各阴离子的浓度均为 1.00 mg/mL。

（6）7 种阴离子的标准混合使用液的配制：分别吸取上述 7 种标准储备液 0.75 mL NaF、1.00 mL KCl、2.50 mL NaBr、12.50 mL K_2SO_4、2.50 mL $NaNO_2$、12.50 mL NaH_2PO_4、5.00 mL $NaNO_3$ 并加入一个 500 mL 容量瓶中。

在同一 500 mL 容量瓶中，加入 5.00 mL 洗脱储备液，然后用水稀释至标线，混匀。该标准混合使用液中各阴离子浓度为 F^- 1.50 μg/mL、Cl^- 2.00 μg/mL、Br^- 5.00 μg/mL、NO_3^- 10.00 μg/mL、NO_2^- 5.00 μg/mL、SO_4^{2-} 25.00 μg/mL、PO_4^{3-} 25.00 μg/mL。

（7）7 种阴离子标准使用液：吸取上述 7 种阴离子标准储备液各 0.50 mL，分别置于 7 个 50 mL 容量瓶中，各加入洗脱储备液 0.05 mL，加水稀释至标线，混匀。

【实验步骤】

1. 仪器参数设置

（1）分离柱：4 mm×300 mm 柱内填 10 μm 阴离子交换树脂粒子。

（2）抑制剂：电渗析离子交换膜抑制器，抑制电流为 48 mA。

（3）洗脱液：$NaHCO_3$-Na_2CO_3 经超声波脱气，流量为 2.0 mL/min。

（4）柱保护液：(3%)15 g H_3BO_3，溶解于 500 mL 纯水中。

（5）进样量：100 μL。

（6）待仪器上液路和电路系统达到平衡后，记录仪基线呈一直线，即可进样。

2. 绘制标准曲线

分别吸取阴离子标准混合使用液 1.00 mL、2.00 mL、4.00 mL、6.00 mL、8.00 mL 并置于 5 个 10 mL 容量瓶中，各加入 0.1 mL 洗脱储备液，然后用水稀释到标线，混匀，分别吸取 100 μL 进样，记录色谱图，重复进样两次。

3. 测试水样

取未知水样 99.00 mL，加 1.00 mL 洗脱储备液，混匀，经 0.45 μm 微孔滤膜过滤后，取 100 μL 按同样实验条件进样，记录色谱图，重复进样两次。

【数据处理】

(1) 以质量浓度为横坐标,测得的峰高或峰面积为纵坐标,分别绘制7种阴离子的标准曲线。

(2) 按下式计算各离子的含量:

$$C_i = \frac{C_1}{0.9}$$

式中,C_i为水样中某个阴离子的质量浓度,mg/L;C_1为由标准曲线得到的试样中某个阴离子的质量浓度,mg/L;0.9为稀释水样校正系数。

【注意事项】

(1) 实验完毕,用淋洗液洗涤色谱柱后,要用再生液再生色谱柱。
(2) 洗脱液要经超声波脱气。

【思考题】

(1) 电导率检测器为什么可作为离子谱分析的检测器?
(2) 为什么离子色谱分离柱不用再生,而抑制柱要再生?

4.6 气相色谱-质谱法分析焦化废水中的有机物

【目的和要求】

(1) 了解气相色谱-质谱法分析的一般过程和主要操作。
(2) 了解气相色谱-质谱法的数据处理方法。

【实验原理】

焦化废水是煤制焦炭、煤气净化及焦化产品回收过程中产生的废水,其成分复杂多变,是一种难处理的工业废水。废水中含有大量有机污染物,如酚类、多环芳烃、含氮有机物及杂环化合物等,这些组分会对环境造成严重污染,特别是酚类化合物,可使蛋白质凝固。有的物质还是强致癌物质,对人和农作物带来极大的危害。

气相色谱-质谱法利用了气相色谱的高分辨率和质谱的高灵敏度,是一种极具选择性和灵敏度的分析方法,能够将复杂的混合化合物进行有效分离。同时,质谱对化合物的检测也非常准确。通过气相色谱-质谱法分析,可以得到化合物的保留时间、分子量、化学结构等信息,这些信息对于化合物的鉴定非常重要。由于气相色谱-质谱法的特点,它在环保、石油化工、香精香料、医药、农业及食品安全、电子等多个领域都有广泛的应用。

【仪器和试剂】

1. 仪器

GCMS-QP2010SE气相色谱-质谱联用仪、K-D浓缩仪。

2. 试剂

（1）二氯甲烷:色谱纯。

（2）浓硫酸:分析纯。

（3）氢氧化钠:分析纯。

（4）无水硫酸钠:分析纯。

（5）焦化废水:取自武汉某焦化厂。

【实验步骤】

1. 仪器参数设置

（1）气相色谱仪条件:

色谱柱:石英毛细管柱。程序升温:40 ℃恒温2 min,5 ℃/min升温到250 ℃,恒温5 min。进样量:1 μL。进样口温度:250 ℃。载气流速:1 mL/min。

（2）质谱仪条件:

发射电流:150 eV。离子源温度:200 ℃。电子轰击电离(EI):电子能量70 eV;扫描范围45～465 amu;倍增器电压:2000 V。

（3）顶空(HS)条件:

40 ℃保温5 min,注射器温度60 ℃。进样量:1 mL。

2. 制样与测试

将500 mL水样放入1 L分液漏斗中。加入10 mL二氯甲烷混合振动,静置分层,再重复萃取1次。然后用10 mol/L氢氧化钠调节pH至大于11,以10 mL二氯甲烷重复萃取3次;加1:1硫酸调pH至小于2,以10 mL二氯甲烷重复萃取3次。将中性、碱性、酸性条件下萃取后的有机相合并,加入无水硫酸钠吸收水分,过滤转移入500 mL K-D浓缩仪浓缩至1 mL备用。进样1 μL分析测试。

【数据处理】

对焦化废水进行萃取和K-D浓缩后,进行气相色谱-质谱法分析,得到总离子流图。利用谱图库鉴定出其中含有哪些有机物。

【注意事项】

进行气相色谱-质谱法分析时,其进样量和样品浓度要掌握好,进样量一般为 1 μL,因此样品最后的浓缩体积要求其能满足仪器的最低检测限。

【思考题】

焦化废水气相色谱-质谱测试有没有其他预处理方法?

第5章　电化学分析法实验

5.1　离子选择电极法测定水中的氟离子

【目的和要求】

(1) 了解离子选择电极法的原理和检测方法。
(2) 熟悉离子选择电极的使用与维护。

【实验原理】

氟是人体必需的元素之一,缺氟易患龋齿病,饮水中氟离子的适宜浓度为0.5~1.0 mg/L。若其含量过高,则会产生毒害作用。

长期饮用含氟量高的水或误食含氟量高的食物,会对健康产生不利影响。长期饮用含氟量高于4 mg/L的水时,会使人骨骼变形,引起氟骨症和损害肾脏。氟斑牙也与饮用水中氟含量过高有关,会在牙釉质上出现白垩色到褐色的斑块。

氟离子选择电极是一种以电位法测量溶液中氟离子活度的指示电极。它的电位与溶液中氟离子活度的对数呈线性关系,即

$$E = 常数 - 0.059\lg a_{F^-} \quad (25\ ℃)$$

氟离子选择电极的传感膜为氟化镧晶体,氟化镧晶体中离子传导是由 F^- 进出氟化晶格产生的。OH^- 的大小和电荷量与 F^- 相似,所以 OH^- 也能进出氟化镧晶格,从而对氟电极有响应。为了消除它的干扰,测定时通常控制溶液pH为5.0~6.5。Fe^{3+}、Al^{3+} 等对测定也有严重干扰,加入柠檬酸可以消除。此外,用离子选择电极测量的是溶液中离子的活度,因此要控制试液和标准溶液的离子强度大致相同。本实验加入大量的柠檬酸钠和硝酸钠,以达到控制溶液离子强度的目的。

【仪器和试剂】

1. 仪器

pHs型酸度计、氟离子选择电极、饱和甘汞电极、电磁搅拌器。

2. 试剂

（1）去离子水。

（2）NaF 标准储备液：0.100 mol/L。

（3）柠檬酸钠：分析纯。

（4）硝酸钾：分析纯。

（5）浓盐酸：分析纯。

（6）氢氧化钠：分析纯。

（7）总离子强度调节缓冲溶液：将 58.8 g 柠檬酸钠和 20.2 g $NaNO_3$ 溶解于少量水中，加 800 mL 水，以 HCl 或 NaOH 调节 pH 至 6.5，稀释至 1 L。

【实验步骤】

1. 氟离子选择电极准备

氟离子选择电极在使用前于 1.0×10^{-3} mol/L NaF 溶液中浸泡活化 1~2 h。用去离子水清洗电极，并测量其电位值，要求与去离子水中的电位值相近（约 −300 mV）。预热仪器约 20 min，接入氟离子选择电极与饱和甘汞电极。

2. 绘制标准曲线

由 0.100 mol/L NaF 标准储备液配制一系列 NaF 标准溶液各 50 mL。其中各含 25 mL 总离子强度调节缓冲溶液和 25 mL 10^{-2} mol/L、10^{-3} mol/L、10^{-4} mol/L、10^{-5} mol/L、10^{-6} mol/L 的 F^-。将上述溶液倒入洗净并干燥的 5 个 50 mL 烧杯中，放入磁搅拌子，插入电极。在离子计上按由稀至浓的顺序测定不同 F^- 浓度的电位值，记下读数。

测定时搅拌 2 min，静置 1 min，待电位稳定后读数。以测得的电位为纵坐标，以 F^- 浓度的对数为横坐标绘制标准曲线。

3. 水中氟离子浓度的测定

往烧杯中准确移取 25.00 mL 水样，加入 25.00 mL 总离子强度调节缓冲溶液。用离子计测定电位值，重复 3 次。

4. 清洗电极

实验结束后，用去离子水清洗电极至电位值与起始空白电位值相近，吸干后，将其收入电极盒中保存。

【数据处理】

（1）在标准曲线的线性区间，用最小二乘法进行曲线拟合，计算标准曲线的斜率 k、截距 b、相关系数 R 及残余标准差 s。

（2）计算水样中 F^- 浓度的平均值及标准偏差。

【注意事项】

（1）要保持氟离子选择电极膜的完整无缺，避免与硬物接触，用后清洗吸干置于盒中。
（2）测定时溶液的pH以5～6为宜。

【思考题】

总离子强度调节缓冲溶液的作用是什么？

5.2　电导分析法测定水质纯度

【目的和要求】

（1）掌握水的电导率的测定方法。
（2）学会用电导分析法测定水的纯度。

【实验原理】

水溶液中的离子，在电场作用下具有导电能力。表示导电能力的量称为电导（G），其单位为西门子（S）。电导G与电阻R的关系如下：

$$G = \frac{1}{R}$$

而导体的电阻与其长度l和截面积A的关系可用下式表示：

$$R = \frac{\rho l}{A}$$

式中，ρ为电阻率，单位为$\Omega \cdot cm$。电阻率的倒数$1/\rho$称为电导率κ，由此，电导与电导率关系可表示为

$$G = \frac{\kappa}{\theta}$$

式中，θ为电导池常数。

水质纯度的一项重要指标是其电导率的大小。电导率越小，即水中离子总量越少，水质纯度就越高；反之，电导率越大，离子总量越多，水质纯度就越低。普通蒸馏水的电导率为3×10^{-6}～5×10^{-6} S/cm，去离子水的电导率为1×10^{-7} S/cm。

【仪器和试剂】

1. 仪器
电导率仪。

2. 试剂
(1) 氯化钾溶液:0.1 mol/L。
(2) 水样:去离子水、自来水。

【实验步骤】

1. 测定电导池常数
仔细阅读电导率仪的使用说明书,掌握电导率仪的正确使用方法。将电导率仪接上电源,开机预热。安装电导电极,用蒸馏水冲洗几次,并用滤纸吸去水珠。将洗干净的电导电极再用氯化钾标准溶液清洗,并用滤纸沾去水珠。随后将其浸入待测的KCl标准溶液中,启动测量开关进行测量。确定电导池常数。

2. 水质电导率的测定
取去离子水和自来水并分别置于2个50 mL烧杯中,用去离子水、待测水样依次清洗电导电极,逐一进行测量读数。

【数据处理】

(1) 计算出所使用的电导电极的电导池常数。
(2) 计算出测定水样的电导率和电阻率。

【注意事项】

(1) 电导电极引线不应潮湿,否则会影响测量结果。
(2) 电导电极放入电导池后应立即测定,以免空气中CO_2溶入待测液后改变其电导率。

【思考题】

电导分析法测量水样电导率时,待测液在空气中的放置时间越长,电导率越大,可能的原因是什么?

5.3　工业废水 pH 的测定

【目的和要求】

（1）了解酸度计的工作原理,学会校正仪器斜率。

（2）掌握酸度计的使用方法,会测定溶液 pH。

【实验原理】

从整体来看,pH 过高或过低都会对生态环境产生负面影响。例如,过低的 pH 可能导致水体中的重金属离子被溶解和释放,对水生生物造成危害;而过高的 pH 可能导致水体中的溶解氧减少,影响水生生物的生存。

工业废水的 pH 是环境监测的一项重要指标。玻璃电极的电位是随测试液中 H^+ 浓度变化而变化的,通过测量电池的电动势便可求出溶液的 pH。在一定的溶液温度下,每相差一个 pH 单位,即产生约 59 mV 电势差。因此,可以在酸度计上直接读出溶液的 pH。

【仪器和试剂】

1. 仪器

pHs 型酸度计、pH 复合电极、磁力搅拌器。

2. 试剂

（1）标准缓冲溶液:pH＝4.00,pH＝6.86,pH＝9.18(25 ℃)。

（2）待测工业废水试样。

【实验步骤】

（1）用量筒量取待测工业废水试样 40 mL,并置于 80 mL 烧杯中。

（2）取一份与待测工业废水试样 pH 相近的标准缓冲溶液并置于另一个烧杯中。

（3）用温度计测量待测工业废水试样和标准缓冲溶液的温度,调节温度补偿器,对酸度计进行温度补偿。

（4）用以上标准缓冲溶液对酸度计进行定位,再用另外一种标准缓冲溶液进行斜率调整。

（5）用已经温度补偿、定位和斜率调整的酸度计测定待测工业废水试样的 pH。

【数据处理】

记录酸度计上pH的读数,每个水样测量3次,取平均值。

【思考题】

测定前后pH复合电极如何保养?

5.4 阳极溶出伏安法测定水样中的铅和镉

【目的和要求】

(1) 掌握阳极溶出伏安法的基本原理。
(2) 熟悉电化学工作站阳极溶出伏安功能。

【实验原理】

阳极溶出伏安法的基本原理如下:待测组分在恒定电位下电解,电解产物富集在工作电极上,随后,电极电位由负电位向正电位方向快速扫描达到一定电位时,富集的金属经氧化重新以离子状态进入溶液,在这一过程中形成相当强的氧化电流峰。在一定的实验条件下,电流的峰值与待测组分的浓度成正比,借此可对该组分进行定量分析。

阳极溶出伏安法是在适当的预电解条件下将镉、铅、铜一起电解并富集在玻璃态石墨电极或汞膜电极上,再让电极的电位从负向正扫描,使富集在阳极上的镉、铅、铜分步重新溶出。因为该方法采取的是先富集后测定的方式,所以灵敏度很高。所得的电流呈峰形,峰电流的大小在不同的电极条件下有不同的描述,在一定条件下峰电流与溶液中的金属离子的浓度成正比。该方法可以测定废水中的许多重金属元素。

【仪器和试剂】

1. 仪器

CHI 660C型电化学工作站、工作电极为玻璃态石墨电极、对电极为铂片电极、参比电极为银-氯化银电极。

2. 试剂

(1) 去离子水。
(2) 标准溶液:准确称取金属镉0.0100 g并溶于5 mL硝酸(1:1)中,定量转移至1000 mL

容量瓶中,稀释至标线,即为 10.0 mg/L;准确称取金属铜 0.0500 g 并溶于 10 mL 硝酸(1:1)中,定量转移至 1000 mL 容量瓶中,稀释至标线,即为 50.0 mg/L;准确称取金属铅 0.100 g 并溶于 15 mL 硝酸(1:2)中,定量转移至 1000 mL 容量瓶中,稀释至标线,即为 100 mg/L。其他浓度的标准溶液均由以上的标准溶液稀释制得。

(3) $HgCl_2$ 标准溶液:0.01 mol/L。

(4) 硝酸-高氯酸(5:1)混合酸。

(5) 氢溴酸(1:4)。

(6) 乙酸-乙酸钠缓冲溶液:41 g 乙酸钠加 30 g 乙酸,溶于 1 L 蒸馏水中。

(7) 硝酸。

【实验步骤】

(1) 工作溶液的配制。取 1 个 25 mL 容量瓶,分别加入 10.0 mg/L 镉标准溶液 0.25 mL,50.0 mg/L 铜标准溶液 0.25 mL、100 mg/L 铅标准溶液 0.25 mL,并加入 $HgCl_2$ 标准溶液 0.5 mL 和乙酸-乙酸钠缓冲溶液 2.5 mL 后,稀释至标线。

(2) 按仪器使用方法打开仪器,接上电解池,取 10 mL 待测溶液并倒入电解池中,通入氮气 5 min。

(3) 根据实验要求设定好仪器参数,在通氮气、搅拌的条件下,于 −1.10～−0.9 V 处富集 1 min 后静止 15 s,立即正向扫描,使镉、铅的阳极溶出峰逐个地分步溶出,记录分步溶出曲线和电流值。

(4) 清洗电极,可置电位于 +0.6 V 处,搅拌溶出 30 s,然后用氨水(1:1)、乙醇清洗后,用去离子水湿润过的滤纸轻擦电极。

(5) 将待测废水经中速滤纸过滤后,取 5 mL 滤液并置于瓷坩埚中,加入 1 mL 混合酸,蒸至湿盐状,稍冷;加入 0.1 mL 氢溴酸(1:4)除锡,再蒸干,稍冷;加入 5 mL 乙酸-乙酸钠缓冲溶液提取后,再取 1 个 25 mL 容量瓶,分别加入 10.0 mg/L 镉标准溶液 0.25 mL、50.0 mg/L 铜标准溶液 0.25 mL、100 mg/L 铅标准溶液 0.25 mL,并加入 $HgCl_2$ 标准溶液 0.5 mL 后,稀释至标线,然后按步骤(3)进行分析,记录分步溶出曲线和各溶出峰的电流值。

【数据处理】

根据下式计算废水中铅和镉的浓度:

$$C = \frac{H_1 \times C_1}{(H_2 - H_1) \times V} \times 1000$$

式中,C 为待测元素在水样中的浓度,mg/L;C_1 为加入的标准溶液中待测元素的浓度,mg/L;H_1 为水样中待测元素的峰高;H_2 为水样中加入的标准溶液中待测元素的峰高;V 为取的水样的体积。

【注意事项】

(1) 金属富集时要一直通氮气或用搅拌器搅拌,静止时应关闭氮气。

(2) 每次实验结束都应清洗电极。

【思考题】

(1) 为什么金属富集过程中要不断通氮气?

(2) 为什么溶出曲线呈倒峰形?

附　　录

附录1　电磁辐射范围

光谱区域	频率范围/Hz	波长范围	产生原因
γ射线	$>10^{20}$	$<10^{-12}$ m	原子核
X射线	$10^{20}\sim10^{16}$	$10^{-3}\sim10$ nm	内层电子跃迁
远紫外光	$10^{16}\sim10^{15}$	$10\sim200$ nm	电子跃迁
紫外光	$10^{15}\sim7.5\times10^{14}$	$200\sim400$ nm	电子跃迁
可见光	$7.5\times10^{14}\sim4.0\times10^{14}$	$400\sim750$ nm	价电子跃迁
近红外光	$4.0\times10^{14}\sim1.2\times10^{14}$	$0.75\sim2.5$ μm	振动跃迁
红外光	$1.2\times10^{14}\sim10^{11}$	$2.5\sim1000$ μm	振动或转动跃迁
微波	$10^{11}\sim10^{8}$	$0.1\sim100$ cm	转动跃迁
无线电波	$10^{8}\sim10^{5}$	$1\sim1000$ m	原子核旋转跃迁
声波	$20000\sim30$	$15\sim10^{5}$ km	分子运动

附录2　物质颜色与吸收光颜色相关性

序号	物质颜色	吸收光颜色	波长范围/nm
1	黄绿色	紫色	$400\sim450$
2	黄色	蓝色	$450\sim480$
3	橙色	绿蓝色	$480\sim490$
4	红色	蓝绿色	$490\sim500$
5	紫红色	绿色	$500\sim560$
6	紫色	黄绿色	$560\sim580$
7	蓝色	黄色	$580\sim600$
8	绿蓝色	橙色	$620\sim650$
9	蓝绿色	红色	$650\sim750$

参 考 文 献

[1] 华中师范大学,陕西师范大学,东北师范大学,等.分析化学:下册[M].4版.北京:高等教育出版社,
     2012.
[2] 张进,孟江平.仪器分析实验[M].北京:化学工业出版社,2017.
[3] 温桂清.环境仪器分析实验[M].桂林:广西师范大学出版社,2013.
[4] 孙尔康,张剑荣.仪器分析实验[M].南京:南京大学出版社,2009.
[5] 郁桂云,钱晓荣.仪器分析实验教程[M].2版.上海:华东理工大学出版社,2015.
[6] 蔡艳荣.仪器分析实验教程[M].北京:中国环境科学出版社,2010.